国家出版基金项目
NATIONAL PUBLICATION FOUNDATION

有色金属理论与技术前沿丛书

湿法冶金用多孔铅合金阳极

LEAD BASED POROUS ANODE FOR HYDROMETALLURGY

蒋良兴　赖延清　编著
Jiang Liangxing　Lai Yanqing

中南大学出版社
www.csupress.com.cn

CNMC 中国有色集团

内容简介

/ Introduction

Zn、Cu、Ni、Co、Mn 等金属的湿法冶金工业中，电积工序一般采用含高浓度 H_2SO_4 的电解液，因而只能采用铅合金阳极。但铅合金阳极存在析氧过电位高、表面氧化膜疏松易脱落、密度大、易蠕变等问题，造成电积过程的能耗高、阴极产品易受 Pb 污染。针对上述问题开发的电催化涂层阳极（DSA）、多元铅合金阳极及多孔阳极，虽然分别在某些方面取得了较好效果，但仍不能满足工业应用要求。

本书借鉴相关领域的最新研究成果，以开发低成本、高性能新型复合多孔铅合金阳极为目标，深入研究了多孔铅合金阳极在 H_2SO_4 电解液中的电化学行为，研究了"反三明治"结构对多孔铅合金阳极的阳极电位、腐蚀率、导电性及力学性能的影响，研究了 RE 添加对铅合金阳极结构与性能的影响，研究了复合多孔铅合金阳极在锌电积和铜粉电积中的应用关键技术，开发了工业尺寸复合多孔铅合金阳极的反重力渗流铸造设备与工艺，并详细介绍了复合多孔铅合金阳极在锌电积工业现场开展的工业电解试验结果。

本书可以作为高等院校高年级学生、研究生的参考书，也可作为有色金属湿法冶金领域的科研人员、工程技术人员的参考书。

作者简介

蒋良兴：男，1982年9月生，湖南双峰人，工学博士，副教授，硕士生导师。2005年毕业于中南大学冶金工程专业，同年免试推荐攻读硕士学位，2007年提前攻博，并于2011年毕业，获得工学博士学位并留校任教。为国际电化学学会会员，主要从事有色金属冶金及功能电极材料研究。现已在SCI、EI收录刊物上发表高水平学术论文40余篇，申请国家发明专利20余项，国际专利1项，获得授权专利10项。作为课题骨干成员参与湖南省科技厅支撑计划项目1项，国家自然科学基金2项，国家科技支撑计划课题1项，作为项目负责人正承担国家自然科学基金1项、中国博士后科学基金面上项目（一等）和特别资助项目各1项。先后获湖南省普通高校优秀学生党员、湖南省优秀博士论文等荣誉。

赖延清：男，1974年10月生，工学博士。中南大学冶金与环境学院副院长、教授、博士生导师；中国有色金属学会轻金属冶金学术委员会委员，中国金属学会熔盐化学学术委员会委员，美国矿物、金属及材料学会（TMS）会员、国际电化学学会（IES）会员、美国化学学会（ACS）会员。一直从事电化学冶金和材料电化学研究。作为项目负责人承担和完成4项国家自然科学基金项目、3项国家863计划课题和1项国家科技支撑计划课题。2009年入选"教育部新世纪优秀人才支持计划"，2012年获"国家优秀青年科学基金"资助，2013年获"湖南省杰出青年科学基金"资助。获国家科技进步二等奖1项、省部级科技进步一等奖2项，参与出版专著2部，发表SCI论文100余篇，获授权发明专利30余项。

学术委员会
Academic Committee

国家出版基金项目
有色金属理论与技术前沿丛书

主　任

王淀佐　中国科学院院士　中国工程院院士

委　员（按姓氏笔画排序）

于润沧	中国工程院院士	古德生	中国工程院院士
左铁镛	中国工程院院士	刘业翔	中国工程院院士
刘宝琛	中国工程院院士	孙传尧	中国工程院院士
李东英	中国工程院院士	邱定蕃	中国工程院院士
何季麟	中国工程院院士	何继善	中国工程院院士
余永富	中国工程院院士	汪旭光	中国工程院院士
张文海	中国工程院院士	张国成	中国工程院院士
张懿	中国工程院院士	陈景	中国工程院院士
金展鹏	中国科学院院士	周克崧	中国工程院院士
周廉	中国工程院院士	钟掘	中国工程院院士
黄伯云	中国工程院院士	黄培云	中国工程院院士
屠海令	中国工程院院士	曾苏民	中国工程院院士
戴永年	中国工程院院士		

编辑出版委员会

Editorial and Publishing Committee

国家出版基金项目
有色金属理论与技术前沿丛书

总序 / Preface

当今有色金属已成为决定一个国家经济、科学技术、国防建设等发展的重要物质基础，是提升国家综合实力和保障国家安全的关键性战略资源。作为有色金属生产第一大国，我国在有色金属研究领域，特别是在复杂低品位有色金属资源的开发与利用上取得了长足进展。

我国有色金属工业近30年来发展迅速，产量连年来居世界首位，有色金属科技在国民经济建设和现代化国防建设中发挥着越来越重要的作用。与此同时，有色金属资源短缺与国民经济发展需求之间的矛盾也日益突出，对国外资源的依赖程度逐年增加，严重影响我国国民经济的健康发展。

随着经济的发展，已探明的优质矿产资源接近枯竭，不仅使我国面临有色金属材料总量供应严重短缺的危机，而且因为"难探、难采、难选、难冶"的复杂低品位矿石资源或二次资源逐步成为主体原料后，对传统的地质、采矿、选矿、冶金、材料、加工、环境等科学技术提出了巨大挑战。资源的低质化将会使我国有色金属工业及相关产业面临生存竞争的危机。我国有色金属工业的发展迫切需要适应我国资源特点的新理论、新技术。系统完整、水平领先和相互融合的有色金属科技图书的出版，对于提高我国有色金属工业的自主创新能力，促进高效、低耗、无污染、综合利用有色金属资源的新理论与新技术的应用，确保我国有色金属产业的可持续发展，具有重大的推动作用。

作为国家出版基金资助的国家重大出版项目，《有色金属理论与技术前沿丛书》计划出版100种图书，涵盖材料、冶金、矿业、地学和机电等学科。丛书的作者荟萃了有色金属研究领域的院士、国家重大科研计划项目的首席科学家、长江学者特聘教授、国家杰出青年科学基金获得者、全国优秀博士论文奖获得者、国家重大人才计划入选者、有色金属大型研究院所及骨干企业的顶尖专家。

　　国家出版基金由国家设立，用于鼓励和支持优秀公益性出版项目，代表我国学术出版的最高水平。《有色金属理论与技术前沿丛书》瞄准有色金属研究发展前沿，把握国内外有色金属学科的最新动态，全面、及时、准确地反映有色金属科学与工程技术方面的新理论、新技术和新应用，发掘与采集极富价值的研究成果，具有很高的学术价值。

　　中南大学出版社长期倾力服务有色金属的图书出版，在《有色金属理论与技术前沿丛书》的策划与出版过程中做了大量极富成效的工作，大力推动了我国有色金属行业优秀科技著作的出版，对高等院校、研究院所及大中型企业的有色金属学科人才培养具有直接而重大的促进作用。

王淀佐

2010 年 12 月

前言

对于 Cu、Zn、Ni、Co、Cd、Mn 等有色金属的冶炼提取，一直以来都有火法和湿法两种。其中，火法是利用高温从矿石中提取金属或其化合物的冶金过程，一般包括焙烧、熔炼、吹炼和精炼等步骤。火法冶金过程中产生大量废气、废渣和烟尘，对环境造成了极大的污染。同时，火法过程一般对原料的品位要求较高，需要预先进行选矿和富集，耗费大量人力和物力。而湿法过程一般包括浸出、净化、电积提取等步骤，其过程在水溶液中进行，且流程基本可设计成闭循环系统，工业废水、废渣的排放量极少，对环境的污染也相对要少得多。再者，湿法过程对原料的品位要求不高，尤其是生物浸出等新技术的涌现，在富矿消耗殆尽，矿石品位越来越低的大形势下，湿法冶金显得更有竞争力，其所占比例也在逐年提升。如全世界的金属 Zn 产量中，有 80%以上是采用湿法冶金的方法生产的。

在这些有色金属的湿法提取过程中，电沉积过程是其重要工序，电解液采用强腐蚀性硫酸溶液，而 Pb 基不溶性阳极因表面能生成 PbO_2 钝化膜而广泛用作不溶性阳极材料，其中以 Pb – Ag 阳极应用最广。在这些金属的电沉积过程中，Pb 基不溶性阳极表面发生的主要是 O_2 的析出反应。但 Pb 基不溶性阳极并不具有很好的析氧催化能力，析氧过电位很高，从而导致大量电能的无谓耗费。我国是有色金属冶炼大国，据统计，2010 年 Zn、Cu、Mn 产量分别为 514 万 t、457 万 t 和 132 万 t，因均采用 Pb 基不溶性阳极，析氧过电位高，其电积工序全年共消耗电能约 1800 亿 kW·h，节能降耗任务艰巨。

以金属 Zn 为例，湿法炼锌过程从硫化锌精矿经焙烧、浸出直至获得电锌的总能耗大约为 4100 kW·h/t – Zn，其中电积工序的能耗约为 3200 kW·h/t – Zn，占总能耗的 80%[1,2]。造成电积工序能耗高的主要原因除了硫酸锌的理论平衡分解电压较高外，很大的一部分来源于高浓度 H_2SO_4 电解液体系中一直采用的

Pb 基合金阳极，其析氧过电位接近 1 V，由此增加无用电耗近 1000 kW·h/t–Zn，约占电积过程能耗的 30%，这是高能耗的主要根源。此外，Pb 基合金阳极还存在以下缺点：①阳极中需添加贵金属 Ag，使得阳极成本较高；②Pb 基合金阳极密度大、强度低、易弯曲蠕变，造成短路，降低电流效率；③Pb 基合金阳极的 PbO_2 钝化膜疏松多孔，电解过程中 Pb 基体的腐蚀，不但使阳极腐蚀快、单耗高，也导致阴极产品 Zn 受到 Pb 的污染[3]。

因此，寻找新的节能途径以及提高阴极产品品质一直是湿法冶金领域的一个重要研究方向。

为有效降低电积能耗并提高阴极产品的质量，各国的研究者曾针对电极导电性能、耐腐蚀性能、电化学活性、机械强度与加工性能等，从阳极的合金成分、阳极形状以及电催化剂等方面进行过系列研究。

首先，为了克服 Pb–Ag 阳极存在的不足，人们对 Pb 基合金阳极做了大量的研究，主要可分成两类：①替代贵金属 Ag，如采用 Sb、Sn、Ca、Co 等金属与 Pb 形成 Pb–Sb、Pb–Ca–Sn、Pb–Co等制成贱金属合金阳极[4-7]；②降低阳极中的 Ag 含量，如在 Pb–Ag 合金中加入其他元素，制成 Pb–Ag–Ca、Pb–Ag–Ti、Pb–Ag–Sn 等三元合金，或 Pb–Ca–Sr–Ag、Pb–Ca–Ce–Ag 等四元合金[8-11]，以达到减小 Ag 含量，或增加阳极在析氧活性、耐腐蚀性、机械强度等方面的性能。在这些研究过的合金中，除 Pb–Co 合金外，大部分研究的合金都只能将阳极的某一性能提升，并牺牲其他方面的性能。但是，高 Co 含量的 Pb–Co 合金制备困难，且锌电积过程对电解液中的 Co 含量要求苛刻（不超过 0.001 g/L），这限制了其进一步的工业应用。

其次，一个重要的研究方向是电催化涂层阳极。典型的电催化涂层阳极是将 RuO_2、MnO_2 等具有析氧电催化活性材料涂覆在 Ti 基体表面形成所谓的形稳阳极（Dimensional Stable Anode，DSA）。对 DSA 的研究主要集中在催化剂材料的开发和涂层的结构两个方面。研究过的催化剂材料主要可分为三类：①贵金属氧化物，如 RuO_2、IrO_2 等，它们是最早研究的析氧电催化剂，一般具有优异的析氧电催化活性，但是价格昂贵，不适合于大规模工业应用[12-15]；②复合金属氧化物及混合物，这是为了降低催化剂成本而开发的含有贱金属的复合材料，如 PbO_2–RuO_2、$Ru_{0.8}Co_{0.2}O_{2-x}$、$Ru_{0.9}Ni_{0.1}O_{2-\delta}$、$RuO_2$–$PdO_x$、$Ir_xSn_{1-x}O_2$、$IrO_2$–$MnO_2$ 等[16-21]，这类材料的析氧电催化活性较贵金属氧化物有进一步的提升，但其价格仍然较贵；(3) 贱金属氧化物，如 MnO_2、PbO_2、Co_3O_4、SnO_2、$M_xCo_{3-x}O_4$（M = Ni，Cu，Zn）、$MMoO_4$（M = Fe，Co，Ni）、$MFe_{2-x}Cr_xO_4$（M = Ni，Cu，Mn）等，利用这些活性材料制成的 DSA 也能表现出很好的析氧电催化性能[22-25]，且成本较前两者有大幅度降低。

与 Pb 基合金阳极相比，DSA 具有外形尺寸稳定、质量轻、析氧电催化活性高以及可完全消除 Pb 污染阴极产品等优点，但金属钛价格昂贵，使用过程中新生 O 原子很容易通过活性涂层而使基底钝化，造成活性涂层脱落、阳极电位升高。虽然，中间缓冲层（SnO_2、Sb_2O_3、$\alpha-PbO_2$ 等）的加入使阳极钝化问题得到缓解[20,26]，但仍然无法从根本上解决问题。再加上在实际使用时，生成的阳极泥会附着在阳极表面而使催化涂层与电解液隔绝，造成涂层无法发挥作用。这些都限制了 DSA 在湿法冶金电积工序中的应用。

由上可知，对于湿法冶金电积工序用阳极，传统的研究思路是改变阳极的合金成分或引入电催化剂，试图改变 Tafel 方程（$\eta = a + b\lg i$）中参数 a 或 b 的值来达到节能降耗的目的，但均未能取得重大突破。从真正实用的角度出发，对工业上现行阳极进行深层次研究，在基本不改变现有电解槽结构的前提下，使阳极具有低的析氧过电位，以及优异的阳极泥捕集性能，从而达到降低能耗、提高阴极产品品质的目的，具有更加现实的意义。

受 Tafel 方程的启发，中南大学的衷水平等[27,28]率先提出了多孔铅合金阳极的研究思路。以开发多孔铅合金节能阳极为目标，研究开发了多孔铅合金材料的反重力渗流铸造设备及工艺，形成了孔径可控、结构均匀、无缺陷的多孔铅合金材料的制备技术与装备；在工业电解液中开展了 100 mm × 200 mm 的 Pb-Ag（0.8%）多孔阳极的扩大试验，取得了显著的效果，主要表现在：①降低阳极电位约 100 mV，Zn 电积能耗降低 76 kW·h/t-Zn；②阳极泥生成量减少 80%；③阴极锌产品中 Pb 含量降低 60%，0#锌合格率 100%；④阳极的金属（Pb、Ag）用量只有原来的 45% 左右，也就是 Pb-Ag 阳极的投资成本将降低 55%。

虽然多孔 Pb-Ag 阳极在降低槽电压和节约投资成本方面较传统 Pb-Ag 平板有显著的优势，但也存在如下固有缺陷，阻碍了其工业化应用：

(1) 多孔阳极的力学性能差，机械强度只有 Pb 基传统平板阳极的 15%，使用过程中易折断，给实际操作带来很大的困难；

（2）多孔阳极的电阻大，电导率只有 Pb 基传统平板阳极的 25%，使阳极不能承受大电流冲击，且由极板引起的电压降抵消了部分多孔带来的阳极析氧过电位的降低。

综上所述，电积工序中阳极析氧电位过高是有色金属湿法冶金过程能耗高的主要原因，研究开发新型节能阳极是实现湿法冶金过程节能降耗的关键。为了提高国内湿法冶金水平，我国政府、企业和高等院校对湿法冶金节能阳极的研究给予了高度重视。针对上述问题，人们从合金成分、电催化剂等方面开展了大量研究工作，但均由于存在各种问题使其还未能成功走向工业应用。其中，最新发展的多孔阳极表现出了较以往铅合金阳极和电催化阳极更优越的性能，为湿法冶金电积工序用阳极研究提供了新思路。

基于此，本书综合已有研究成果，详细介绍了湿法冶金用新型结构低成本、高性能复合多孔铅合金阳极的研发历程。通过研究，力求获得一种具有低 Ag 含量、高机械强度、高耐腐蚀性能和低阳极电位的新型复合多孔阳极，并开展工业应用试验，达到降低湿法冶金电积过程能耗和阳极原料成本的目的。同时，深入分析具有大孔径多孔铅合金阳极在 H_2SO_4 溶液中的电化学行为，理解多孔阳极节能降耗的实质。本书主题的研究符合《国家中长期科学和技术发展规划纲要（2006—2020 年）》的要求，对提升和改造传统有色金属冶炼工业的技术水平和可持续发展，实现国家的节能目标具有重要的现实意义。本书对从事有色金属湿法冶金相关研究和生产的人员具有参考价值。

2015 年 9 月

目录 / Contents

第 1 章　绪论

1.1　多孔金属的强化方法

多孔金属材料是一种在金属基体中均匀分布，具有一定体积分数连通或不连通孔洞的新型轻质多功能材料，由于其具有质量轻和功能可塑的特点，因而受到了格外关注。自问世以来，作为结构材料，它具有轻质、高比强度的特点；作为功能材料，它具有多孔、减振、阻尼、吸音、隔音、散热、吸收冲击能、电磁屏蔽等多种物理性能[29-31]；因此它在国内外一般工业领域及高技术领域都得到了越来越广泛的应用，如电极材料[32-34]、高效催化剂或催化剂载体[35]、过滤器与分离媒介[36,37]、力学材料以及能量吸收材料[38]等。

将多孔金属材料应用于某一实践，尤其是用作功能材料时，常常需要其他功能的协同作用，即，需要对多孔金属材料进行多功能化设计。如将多孔金属用作电极材料，主要是利用其巨大的比表面积，从而提高单位电极的反应能力。而多孔金属在加工和使用过程中经常会受到一定的载荷作用，可操作性成为必须解决的问题，因此多孔金属电极材料必须具有一定的机械强度才能真正用于实践。同时，工业装备技术和航空航天科技的迅猛发展，也对多孔金属材料的各种性能提出了更高的要求。对于多孔金属材料的几何特点和承载受力方式，多孔材料界公认的经典性模型理论为由 Ashby 和 Gibson 等创建的多孔材料分析研究模型——Gibson - Ashby 模型和相关理论[39,40]。根据 Gibson - Ashby 模型和相关理论，多孔金属材料的力学性能与其孔隙率的对应关系式如下[41,42]：

$$E = K(1 - \theta)^n E_0 \qquad (1-1)$$

式中：E 为多孔金属材料的力学性能；E_0 为对应致密材料的力学性能；K 是由材质种类和多孔体制备工艺条件共同决定的常数；θ 为多孔金属材料的孔隙率；n 为与材质的塑性有关的指数，取值一般为 1～2。由式(1-1)可知，多孔金属材料的机械性能主要由其孔隙率和对应致密材料的机械性能决定。而且，不仅是机械性能，多孔金属材料的多功能性也与其孔隙率和孔结构直接相关。因此，可以说对多孔金属材料的孔隙率、孔的形貌及尺寸、材料的拓扑结构及材料本身进行优化调节，都将直接影响到材料综合性能的提升[43,44]。

1.1.1 多孔 Al 的强化

报道过的多孔金属材料的材质有 Cu[45,46]、Ni[47-49]、Ti[50]、Fe(SS)[51,52] 以及 Al[53,54] 等,其中,多孔铝由于其广阔的适用性和优异的性能而最受重视,已然成为世界各国在 21 世纪的前沿热点材料。但到目前为止,多孔金属材料并没有得到大规模的商业生产与应用,究其原因有:材料性能的重现性差,测试手段和计算方法不足,材料二次处理理念的缺失以及过于复杂的制备过程等[55]。但其本身强度不高,使其无法充分发挥其优异性能是最大的障碍,需要对其机械性能进行增强。对多孔金属 Al 的强化研究主要集中在对复合结构的设计优化与制备方面。

传统的致密金属虽然具有高于单纯泡沫金属的强度,但能量吸收等性能低于单纯泡沫金属。若综合它们各自的优点,把两种结构组成夹心 h 构件使用将是最有利的发展方向,而这也是多孔金属 Al 的研究热点。泡沫铝夹心 h 结构基本上可分为两种:夹心 h 板结构、填充管结构,如图 1-1 所示。夹心 h 板结构通常为三夹板,又称为三明治结构,是多孔金属及其致密材料组成的复合体,即:芯层为泡沫金属,通常为泡沫 Al,上下层为铝板或其他金属薄板,芯层与金属薄板之间可有一定厚度的空气层,或通过一定的措施结合。另外,当夹心 h 板只承受拉伸载荷时,可将外面的金属面板用金属网来替代[56]。填充管结构包括圆管与方管两种,由泡沫铝芯与空心金属管材所组成。

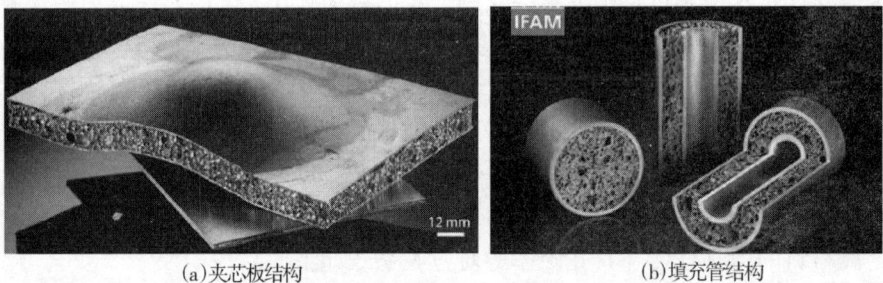

(a)夹芯板结构   (b)填充管结构

图 1-1 夹心 h 结构多孔金属

夹心 h 结构中,面板起保护芯材的作用,主要承受压力和拉力,多孔芯材则起连接和支撑面板、降低质量的作用,主要承受剪切应力。两种材料的协同作用,使得复合所得到的效果,并不是两种材料性能的简单线性相加。如作为一种抗振材料,多孔 Al 本身就是一种轻质高阻尼材料。若应用于夹心 h 结构,则多孔体阻尼层发生振动时由于面板的约束而被迫伸缩,层内将产生更大的剪切应力和应变，从而损耗更多的能量[57]。

　　为了获得三明治结构的复合多孔金属材料，其关键就是要解决将多孔金属与金属板进行有效结合的问题。对此，人们进行了大量研究，并开发了许多方法，如图 1-2 所示，大致可分为原位结合和非原位结合两类[58]。

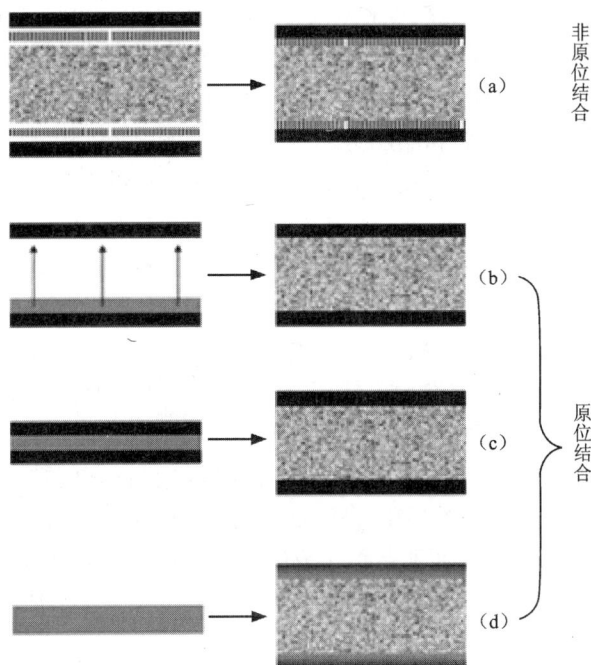

图 1-2　多孔金属 Al 夹心 h 板的制备方法

（1）非原位结合

　　所谓的非原位结合，就是通过各种手段将预先制备好的多孔金属芯材和金属面板结合在一起。多孔金属层、面板以及黏接界面的共同作用决定了夹心面板的性能。报道过的非原位结合技术包括铆接或螺丝结合、胶接法、钎焊法、激光焊接法、界面瞬间液相扩散轧制连接法等[59,60]，甚至有将其中的几种结合方法同时使用的报道，如将铆接法与胶接法结合[60]。

　　胶接法常用的黏接剂为热固化胶，如环氧树脂、聚丙烯等，此法存在界面强度低、寿命短、产品回收困难和无法用于高温场合等问题，影响了多孔夹心 h 板的实际应用。

　　钎焊法就是在低于母材熔点、高于钎料熔点的温度下，将熔化的钎料填充在面板与多孔金属芯之间，与母材相互溶解与扩散，实现芯材与面板的连接。钎焊时不会发生母材的熔化，有利于保护芯材的多孔结构，但在钎焊前必须对母材进行细致加工和严格清洗，以除去表面的油脂和氧化物，否则容易造成面板表面的凸凹不平[61-63]。

激光焊属于熔融焊接，是以高能量激光束为能源，对结合面进行照射，使其融合在一起的高效精密焊接方法。激光焊由于具有能量密度高、精度高、适应性强等优点，因而大量应用于航空航天、汽车制造及电子电工等领域。日本专利[64]公开了一种利用激光焊来制备蜂窝板的方法。所述蜂窝板的芯材带有凸缘，通过激光在凸缘与面板之间的 V 形空间内的多次反射使两者充分连接，所得夹心 h 复合板可用于飞行器和船舶上。

界面瞬间液相扩散轧制连接法（TLP 法）[65]就是在结合界面处加入低熔点中间层，然后在一定的压力下加热，使中间层熔化或反应生成液相，液相层向母材扩散，或与母材反应并一起冷却、凝固。此法由于能够实现芯材与面板大面积的冶金结合，受到普遍关注。A Nabavi 等[66]提出的自生热高温融合法（SHS 法）制备多孔 Al 夹心 h 板，是该方法的扩展。它是在多孔金属芯和面板界面处加入由金属 Al 粉和 CuO 组成的混合物，然后在一定的压力下加热，混合物发生反应（$3CuO + 2Al == Al_2O_3 + 3Cu$）并放出大量的热，从而使界面熔化、融合在一起。

由上可知，非原位结合技术是在芯材与面板已制备好的情况下再将两者结合，增加了制备步骤，且易对多孔金属的结构造成破坏。同时，部分方法引入了中间层或辅助连接材料，增加了夹心 h 板的回收难度，也给材料的性能引入了新的影响因素。考虑到多孔金属材料在发泡过程中会变成液态，原位结合技术应运而生。

（2）原位结合

所谓原位结合，就是在多孔金属发泡的同时，使其与金属面板结合在一起。根据制备过程的不同，又可分为以下三种：夹层内泡沫单向膨胀发泡法、夹层前驱体共同发泡法和整体发泡成型法，其中又以第二种方法研究最为广泛。

共同发泡法就是将面板与发泡前驱体通过挤压、轧制成型等方式制作成具有三层结构的复合体，其中发泡前驱体位于面板中间。然后，将复合体加热至发泡前驱体的发泡温度，在芯的发泡、膨胀过程中，面板与芯在高温、高压作用下发生相互扩散和反应，形成牢固的冶金结合，如图 1-2(c)所示。文献中常报道的粉末冶金发泡法[67]为其中的一种。此法的特点是：①可以在芯和面板之前产生纯的金属间结合，与胶粘和钎焊相比，其热稳定性显著提高，且易于回收再利用；②可在发泡前对三层结构的复合体进行冲压等操作，使复合体具有一定的 3D 形状，这有利于根据应用要求制备出不同形状的零部件；③外部面板既是发泡时的模具，又是最终产品的加强体。但是在发泡过程中，发泡前驱体的体积急剧膨胀，这一方面可以促进芯与面板的冶金结合，但另一方面将对面板产生很大的压力，容易造成面板的变形和厚度的失控，需要采取措施对整个复合体的变形进行调控。而且，压力的产生使得外部面板在发泡过程中仍需要保持较高的强度，这大大限制了面板材料的选择范围。

基于此，人们又提出预先固定好外部面板，在面板内部仅部分装填发泡前驱体，使其在面板内部空间发泡、膨胀的制备方法[68]，如图 1-2(b) 所示。然而，由于加热过程中面板表面发生氧化，使得芯与面板之间很难形成真正的冶金结合，且加大了发泡过程中温度控制的难度。同时，由于发泡前驱体致密度不高，易出现"拱桥"现象和粉末的过度氧化[69]，导致泡沫的孔结构较差。因此，此法仍处于实验室研究阶段。

以上两种方法的一个共同点就是加强部件是预先制成的，若界面结合不好，则对载荷的传递及材料功能的发挥不利。受高分子材料整体发泡成型技术的启发，若能在多孔金属材料发泡的同时自动形成一致密外壳 [图 1-2(d)]，外壳与多孔体之间均匀过渡，就不存在结合界面的问题。基于此，人们又提出了多孔金属的整体发泡成型的概念，即控制发泡过程，将金属与发泡剂迅速注入型腔，利用表面张力以及模具与发泡熔体的温差，在发泡的同时利用发泡材料形成近似致密的外壳[70-72]。通过不断发展，共开发出了多孔金属材料的低压整体发泡成型和高压整体发泡成型[73,74]两种方法。此法可使加强部件和多孔部件完全融合为一个整体，过程简单，省去了增强体的制备过程，制备成本低，尤其适用于芯为泡沫的夹心 h 板的制备，是一种很有发展前景的方法。但也还存在外壳的厚度不易控制，外壳表面易出现缺陷的问题。

综上所述，对多孔铝进行多功能化研究，主要思路就是部分牺牲多孔金属的轻质特性，将多孔金属与致密金属复合。而其关键技术，就是复合体的低成本、高效制备，使多孔金属与外壳能够结合为一个整体，从而发挥两者协同作用下的综合性能。

1.1.2　金属 Pb 的强化

金属 Pb 的强化主要有两种思路[75]：①加入合金元素强化基体而形成合金，称为合金强化；②引入第二相形成复合材料，在此称为第二相强化。其中合金强化主要有固溶强化和沉淀强化两种，第二相强化又分为分散强化和纤维强化两类，分别形成相应的金属基复合材料。金属基复合材料中，增强相起承担载荷的作用，而基体金属主要起传递载荷的作用。Pb 及 Pb 合金强化的研究主要是针对铅蓄电池用板栅电极而展开的，针对多孔铅的强化研究还未见报道。

（1）合金强化

合金强化包括固溶强化和沉淀强化两种。

固溶强化就是通过在 Pb 的固溶体中融入其他溶质原子，而造成晶格畸变，从而增加位错的运动阻力,增强 Pb 的强度和硬度,它是金属 Pb 有效的强化途径之一。固溶强化的大小主要与以下两类因素有关:① Pb 及溶质原子的半径差,差值越大,Pb 的晶格畸变程度也就越大,位错滑移越困难;②溶质原子的量。一般说来,溶质原子的加入量越大,增强作用越好。但当超过其溶解度时,就可能转变为弥散强化。大量研究证明,各金属元素对 Pb 的固溶强化率从小到大依次为 Bi < Sn < Cd < Sb < Li < As < Ca < Zn < Cu < Ba[76]。

沉淀强化主要指有限固溶体随着温度降低,固溶度下降,形成过饱和固溶体,并自发析出细小弥散的第二相从而发生强化的现象,又称为时效强化,其前提条件是必须得到过饱和固溶体,且溶质原子在固溶体中的溶解度随着温度的降低而减小。能使 Pb 发生时效强化的合金主要是碱金属或碱土金属,其中最典型的是 Pb – Ca 系合金。金属元素 Ca 由于能与 Pb 生成 Pb_3Ca 沉淀而可使金属 Pb 的强度得到明显增强,这就是为什么常配制 Pb – Ca 系合金来提高铅合金的力学性能的原因。

(2)第二相强化

第二相强化根据强化介质的不同,又可分为分散增强和纤维增强两类。

分散增强铅在 20 世纪 60—70 年代得到了广泛的重视和研究,其实质是在金属 Pb 或 Pb 合金中加入不溶的分散性微粒,这些微粒的粒径一般为微米级,且具有较高的硬度,可以阻止位错的移动,从而达到增强 Pb 基体机械性能的目的。

分散增强铅根据制造工艺的不同,可分为如下两类:

①粉末冶金技术制造的分散增强铅。

粉末冶金法制备分散增强铅,就是将金属 Pb 或 Pb 合金粉末与分散相均匀混合后,压实、烧结成型。该方法适应性强,基本上可任意搭配不同种类和数量的分散相,有利于获得具有各种不同性能的 Pb 或 Pb 合金。研究过的分散相包括 Al_2O_3[77]、PbO[78,79]、SiC[80] 和 TiO_2[81] 等非金属粉末以及 Cu、Al 和 Cr[82] 等金属粉末。其中,PbO 分散增强铅的研究最为引人注目,并于 1970 年由 St joe Minerals Corporation 公司研制成功。

粉末冶金技术虽然能够很容易的制备出各种分散增强铅,但是用此种方法制备出来的铅有大量的结构缺陷,用作电化学反应电极时的耐腐蚀性能较差。

②固化方法制备的分散增强铅。

固化方法就是先将 Pb 或 Pb 合金熔融,然后将分散相在熔体完全固化之前加入,搅拌使分散均匀。此方法还包括往熔融 Pb 或 Pb 合金中加入其他能与熔体反应生成金属间化合物等沉淀的合金元素,这些自发生成的沉淀均匀弥散于基体中,起分散相的作用。因此,后者又称为自发分散增强铅。

自发分散增强铅由于避免了外加分散相的分散不均的问题而备受关注。RE 元素作为一种表面活性剂,一方面可以细化晶粒,另一方面可以与金属 Pb 反应

生成 Pb_3RE、$PbRE$ 和 Pb_3RE_2 型高熔点化合物，起到分散增强作用[76]。有关 Pb－RE 合金的内容将在下节详细介绍。根据合金相图可知，其他可能具有相似增强作用的金属元素还有 Ba、Pd、Li、K、Se 等。

纤维增强金属基复合材料由于强度高、刚度大等特点而受到广泛关注，并被成功应用于体育、军事、航天航空等领域，其性能主要决定于纤维、基体和结合界面的性能以及纤维在基体中的分布情况[83]。常用的纤维有玻璃纤维[84]、碳纤维[85-87]和硼纤维[88]等。对于纤维增强铅，人们研究过的纤维为碳纤维[89]。制造时的困难主要是碳纤维与熔融铅合金之间黏润困难，且在高温下还会生成金属碳化物，因此至今未见实际应用。

1.2 Pb－RE 合金研究现状

稀土元素（RE）是周期表中第ⅢB族的镧系元素——La、Ce、Pr、Nd、Pm、Sm、Eu、Gd、Tb、Dy、Ho、Er、Tm、Yb、Lu 以及与镧系元素密切相关的 Sc 和 Y。通常稀土元素又分为轻稀土和重稀土两类，其中前 5 种稀土元素称为轻稀土。

RE 由于同时具有电、磁、光以及生物等多种特性，被广泛应用于磁性材料、发光及激光材料、琉璃陶瓷材料以及贮氢材料、阴极发射材料、发热材料和超导材料等各种新型功能材料的研究与开发中，是军事、航空航天、冶金、化工、农业等领域的重要基础材料，素有"工业维生素"和"工业黄金"的美称。

由于金属 Pb 主要是用于铅酸电池用板栅合金中，故，Pb－RE 合金电极的研究主要也集中在铅酸电池用板栅材料中[90]，研究较多的 RE 元素有 Ce、La、Nd、Sm、Tb、Yb、Pr、Gd、Y 等。RE 对铅合金的性能改善主要表现在铅合金本身及其表面氧化膜两方面，从而分别影响铅合金的机械性能和电化学性能，下面对这两种影响分别进行介绍。

1.2.1 RE 对铅合金金相结构的影响

由于 Pb 基合金质软，金相样制作难度较大，因此，专门针对 Pb－RE 合金金相结构的研究较少，大都集中在形成合金后的电化学性能。但从理论上来说，RE 元素可以从以下几个方面对铅合金进行改善：

①RE 具有较 Pb 更大的原子半径，在合金凝固时，可沉积于新生成的晶界和相界中，抑制晶粒的继续长大，从而使晶粒得到细化；

②RE 基本不溶于富 Pb 的 α 固溶体中，但易与金属 Pb 生成 Pb_xRE_y 型金属间化合物。这些化合物熔点高，在 Pb 熔体中呈悬浮状态，在铅合金凝固时可充当异质形核的晶核，起变质剂的作用，以进一步细化晶粒；

③RE 元素化学活性高，与 O、S、H 等杂质元素的亲和力大，可以脱氧、脱硫

而净化晶界,从而使铅合金避免由于 S 含量过高而引起的冷裂现象。

对 Pb – Sn 基钎料的系列研究表明,RE 元素(如 La)具有"亲 Sn 倾向",导致合金凝固时固/液界面处三相交汇点接触角发生变化,从而可以显著抑制合金中富 Pb 相周围粗大的富 Sn 相晕圈的形成[91,92]。在 Sn40Pb60 合金中加入0.05% ~ 0.25% 的 RE 元素时,合金显微结构由片层和棒状混合组织转变为较小的富 Sn 和富 Pb 相均匀分布的棒状组织[93]。均匀细化的金相结构使合金的位垒硬化和多滑移硬化作用增强,再加上 RE 元素吸附于晶界可阻碍晶界的运动[94],从而提高了钎料的塑性变形抗力。

对 Pb – Cu 基滑动轴承材料的研究表明,RE 元素(如 Ce)在高 Pb 青铜合金中主要是与金属 Pb 生成高熔点的金属间化合物,在熔体中以固态的形式存在。其中 Pb_3Ce(熔点约 1170℃)的晶格类型与 Cu 相同,晶面错配度很小,可作为异质晶核加快 α 相在凝固初期的形核,阻碍富 Pb 液相的下沉和表逸,具有较金属 Ni 更好地抑制合金中 Pb 比重偏析和逆偏析的作用[95]。RE 使 Pb 颗粒均匀、细化,提高了合金的抗拉强度和延伸率,且其耐磨性能好,是 Sn 青铜轴承材料理想的替代品[96],从而降低了材料成本。

对铅酸电池用 Pb – Sb 合金板栅的研究表明,RE 可使 α 相中 Sb 含量增大,β 相的析出量减少,从而使片状组织得以细化、分散,且薄化了晶界,减少了晶体裂痕[97],从而提高了 Pb – Sb 合金的机械强度和耐腐蚀性能[98,99],延缓了 Pb – Sb 合金的时效硬化过程[100]。

1.2.2 RE 对铅合金表面氧化膜的影响

为了能够更加深入地分析 RE 对铅合金表面氧化膜的形貌、结构等的影响规律,人们常以 Pb – RE 二元合金为研究对象,以减少其他合金元素的影响。Pb – RE 二元合金是铅酸电池板栅合金的热点,而其表面氧化膜的性能决定了铅酸电池的性能,故对其研究较为深入和系统,主要包括膜层阻抗、膜层的析气性能以及耐腐蚀性能。其中,膜层的阻抗主要与膜层中高阻抗 Pb(Ⅱ)化合物(主要为 PbO)的含量、膜层孔隙率以及膜层的半导体性质有关,膜层的析气性能与其比表面积和成分有关,而耐腐蚀性能则受膜层的致密度以及晶粒尺寸影响。

对 Pb – Ce 合金的研究开始于 2000 年[101-105],由于其在抑制电池深放电下板栅的腐蚀、降低膜层阻抗方面表现出的优异性能,开启了铅酸电池用 Pb – RE 合金板栅的研究热潮。随后的深入研究表明[106-108],Ce 能够提高 Pb(Ⅱ)化合物生成的表观活化能,抑制 PbO 的生长。但其能够降低膜层阻抗的主要原因还是 Ce 增大了 Pb(Ⅱ)的孔隙率,使膜层各微粒间液膜进行离子运输的能力增大。同时,Ce 可以细化 Pb – Ca – Sn – Ce 合金表面氧化膜晶粒,从而减少其在循环过程中的腐蚀速率。

Pb – La 合金是另一类研究较多的 Pb – RE 合金。在研究过程中[109,110]，人们发现 Pb – La 合金表面 Pb(Ⅱ)膜的生长遵循溶解 – 沉淀机理，并由此提出了其生长的动力学模型，即 PbO 的形成按照以下过程进行：

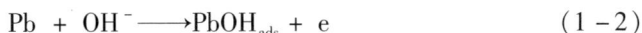

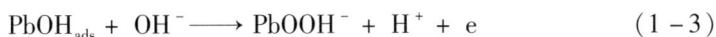

$$Pb + OH^- \longrightarrow PbOH_{ads} + e \qquad (1-2)$$

$$PbOH_{ads} + OH^- \longrightarrow PbOOH^- + H^+ + e \qquad (1-3)$$

$$PbOOH^- \longrightarrow PbO + OH^- \qquad (1-4)$$

其中，式(1-3)为整个过程的速度控制步骤。由于 La 的配合，使阴离子在 H_2SO_4 溶液中的溶解度与 $PbOOH^-$ 相近，可与其发生共沉积，从而抑制膜层中 PbO 的生长，并对表面氧化膜层掺杂，使合金的析氧电流下降。与元素 Ce 相似，La 可以抑制膜层中 PbO 和 PbO_2 的生长，提高 Pb(Ⅱ)膜层的孔隙率，从而降低膜层阻抗，且阻抗随合金中 La 含量的增加而逐渐减小。

元素 Nd 对 Pb – RE 合金性能的影响较其他 RE 元素有所不同。Nd 虽然能够降低阳极膜层阻抗，但它同时能够促进 PbO_2 的形成，提高氧化膜的析氧电流[111]。对于铅酸电池来说，为了减少电池的失水量，实现真正的免维护，要求板栅合金的析气量越少越好。因此，元素 Nd 不大适合作为铅酸电池板栅合金的添加剂，对其研究也较少，但这倒为湿法冶金用 Pb 合金阳极的研究提供了参考。同样，在 Nd 含量较低时，可以提高阳极氧化膜的耐腐蚀能力，但高 Nd 含量对合金的腐蚀不利。

稀土元素 Gd、Pr 的对比研究[112,113]表明:元素 Gd 能够明显细化合金表面氧化膜的晶粒尺寸，而 Gd 则使晶粒的排列更加规则，从而可提高膜层的耐腐蚀能力，且在 Gd 含量为1%时效果最好。Gd 和 Pr 均可显著降低 Pb(Ⅱ)膜层阻抗，促进 PbO_2 的生长，提高合金的析氧电位，但只有 Gd 可抑制 Pb(Ⅱ)膜层的生长和增大膜的孔率。在对 Gd、Pr 的研究过程中，人们还利用 SIMS(二次离子质谱)检测，找到了稀土元素掺杂表面氧化膜的直接证据。

对 Pb – Tb 合金的研究表明[114]，Tb 的加入使合金的阳极析氧电位无影响，但促进了 H_2 的析出。Pb – Tb 在 0.9 V 极化后的表面氧化膜组成包括:$PbSO_4$、PbO、$PbO \cdot PbSO_4$ 和 $PbO_{1+x}(0 < x < 1)$，其中主要成分为 $PbSO_4$，PbO 的含量很少，从而大大降低了膜层阻抗，且阻抗随合金中 Tb 含量的增加而减少，在 Tb 含量为10%时，膜层阻抗为 28 Ω/cm^2，只有纯 Pb 板栅的21.5%。同时，采用 XPS 和 AES 明确了 Tb 以 Tb_2O_3 的形式存在于氧化膜内层。

其他研究过的 RE 元素还包括 Sm[115-120]、Yb[121,122] 和 Y[123] 等。它们对合金电化学性能的影响与其他 RE 元素类似，除对 PbO_2 的生成影响规律不同外，均能抑制 PbO 的生成，降低膜层阻抗，只是影响程度上稍有区别。如 Yb 能促进 PbO_2 的生成，提高膜层的耐腐蚀性能，但对膜层阻抗的影响较小;Sm 却抑制了 PbO_2 的生成，明显降低了膜层阻抗;Y 能减少合金的析气量，抑制电池放电时

PbO_2 的还原及 $PbO_{1+x}(0<x<1)$ 的生成,使腐蚀膜的导电性更佳,从而提高了电池的深循环性能。

1.3　铅合金阳极的电化学行为

基于 Pb 电极在铅酸电池的应用以及对铅本身电化学行为的兴趣,人们对 Pb 及其合金在 H_2SO_4 溶液中的腐蚀行为和成膜过程做了大量研究,先后有以下三大标志性成果:① $PbSO_4$ 氧化成 PbO_2 的成核与三维成长机理[124]的提出;②采用光电化学法[125]研究 PbO 电位区域的固相反应;③ $PbSO_4$ 半透膜的离子选择性和扩散电位理论[126],保证膜内的碱性环境。

1.3.1　铅合金阳极的极化过程

由于在非现场测试过程中,铅阳极表面氧化物的组成、膜量及结构容易发生变化,实验结果的重现性差,给铅合金阳极极化过程的研究带来难度,对其极化过程的某些方面也一直存在争议。但目前普遍认为,Pb 电极在阳极极化过程中存在如表 1-1 所示的反应[127]。

表 1-1　Pb 电极在 H_2SO_4 溶液中的氧化还原反应和相应的标准电极电位

电极反应	电位/V	
	vs. SHE	vs. $Hg/HgSO_4$
$PbSO_4 + 2e \rightleftharpoons Pb + SO_4^{2-}$	-0.356	-1.01
$PbO + 2H^+ + 2e \rightleftharpoons Pb + H_2O$	0.248	-0.40
$PbO \cdot PbSO_4 + 2H^+ + 4e \rightleftharpoons 2Pb + H_2O + SO_4^{2-}$	-0.113	-0.76
$3PbO \cdot PbSO_4 \cdot H_2O + 6H^+ + 8e \rightleftharpoons 4Pb + 4H_2O + SO_4^{2-}$	0.030	-0.62
$PbO_2 + 4H^+ + 4e \rightleftharpoons PbO + 2H_2O$	1.107	0.46
$PbO_2 + 4H^+ + 2e \rightleftharpoons Pb^{2+} + 2H_2O$	1.482	0.83
$2PbO_2 + SO_4^{2-} + 6H^+ + 4e \rightleftharpoons PbO \cdot PbSO_4 + 3H_2O$	1.468	0.824
$PbO_2 + SO_4^{2-} + 10H^+ + 8e \rightleftharpoons 3PbO \cdot PbSO_4 \cdot H_2O + 4H_2O$	1.325	0.68
$PbO_2 + 4H^+ + SO_4^{2-} + 2e \rightleftharpoons PbSO_4 + 2H_2O$	1.687	1.04

循环伏安法是研究铅合金阳极在 H_2SO_4 溶液中的电化学行为最普遍的方法,图 1-3 给出了铅阳极的典型 CV 曲线[128]。该图为两条不同条件下 CV 曲线的结合,其中实线是从 H_2 的析出电位正向扫描到 O_2 的析出电位后再负向扫描所得,

而虚线的扫描起始电位为 0.62 V。结合表 1 - 1 可知，在正向扫描时，阳极表面首先发生了 Pb 向 $PbSO_4$ 的转化，并使电极表面钝化，直到电位达到 $\alpha - PbO_2$ 和 $\beta - PbO_2$ 的生成电位，随即 O_2 开始析出。从反向电位负向扫描时，电极表面首先发生 PbO_2 向 $PbSO_4$ 还原，随后在 $Pb/PbSO_4$ 氧化峰位附近分别出现 PbO 和 $PbSO_4$ 向海绵 Pb 的还原。

根据铅阳极 CV 曲线特征及各阳极反应的电位，有学者[129]将铅合金阳极表面极化过程分成三个电位区：① $PbSO_4$ 电位区，电位区间为 - 0.95 ~ - 0.30 V (vs. Hg/Hg_2SO_4，下同)，在此电位区间，表面氧化膜由 $PbSO_4$ 晶体组成；② PbO 电位区，区间为 - 0.30 ~ 0.95 V，此时，氧化膜由 $PbSO_4$ 及其内层的 PbO 组成，同时也有少量 $PbO \cdot PbSO_4$ 和 $3PbO \cdot PbSO_4 \cdot H_2O$ 存在；③ PbO_2 电位区，此时电位在 0.95 V 以上，电极表面氧化膜中 Pb(Ⅱ)化合物开始减少，并向 $\alpha - PbO_2$ 和 $\beta - PbO_2$ 转化。同时，O_2 开始析出。

对于各电位区 Pb 表面氧化物的形成过程，人们分别进行了深入研究，提出了各种机理。在 $PbSO_4$ 电位区，提出了 $PbSO_4$ 膜的碱化模型[126,130-132]，即 $PbSO_4$ 膜为一种半透膜，只有 H^+、OH^- 和 H_2O 等小分子和离子可自由通过，Pb^{2+}、SO_4^{2-} 不能通过。这样膜内的碱度会不断增加，从而在电位稍高时，促进了 PbO、$PbO \cdot PbSO_4$，$3PbO \cdot PbSO_4$ 等二价 Pb - S - O 化合物在膜内部的生成。而对于 $PbSO_4$ 成核、生长过程，先后提出了固态机理[124]和溶解 - 沉积机理[133]，但支持后者的居多，争议较少；对于 PbO 电位区的研究，由于各种 Pb - S - O 化合物是在 $PbSO_4$ 膜层内部生长，且化合物的种类多样，给分析与检测带来难度，因此分歧也比较多。一般认为，在 PbO 的氧化生长过程由 O^{2-} 在 PbO 层中的传输控制[134-136]，但也有人认为氧化层孔内的电阻决定了 PbO 的生长速率[137]。而在 PbO 向 Pb 的还原过程中，通过记录铅阳极在 400 mV 阳极氧化后的开路电位 - 时间曲线，分别得到了 o - PbO 和 t - PbO 这两种构型 PbO 的还原平台[138]，这基本没有异议。氧化膜的 $E_{oc} - t$ 曲线似乎为确定膜成分的一个有力工具。但对于 PbO 在 CV 曲线中的特征峰的指认，由于与已知的 Pb 化合物热力学电位相差较大，对其无一致的认识而争议较大。一般认为，如图 1 - 3 所示的 CV 曲线中，f 峰代表了 PbO 向 Pb 的还原[139]，但也有人认为 f 峰代表了碱式硫酸铅的还原峰[140]。还有个别学者认为 f 峰为 $PbSO_4$ 膜层内部 $\alpha - PbO_2$ 向 Pb 的还原峰。但在分析讨论中，大多数学者把 f 峰看成是二价 Pb - S - O 化合物向海绵 Pb 的还原[141]；在 PbO_2 电位区，氧化膜主要发生 PbO_2 的成核与生长，主要包括以下几个反应：

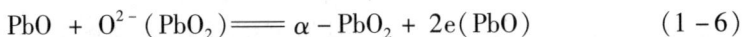

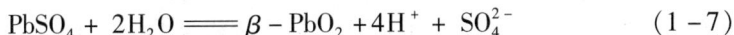

$$Pb + O^{2-}(PbO) \Longrightarrow PbO + 2e(Pb) \qquad (1-5)$$

$$PbO + O^{2-}(PbO_2) \Longrightarrow \alpha - PbO_2 + 2e(PbO) \qquad (1-6)$$

$$PbSO_4 + 2H_2O \Longrightarrow \beta - PbO_2 + 4H^+ + SO_4^{2-} \qquad (1-7)$$

这说明，PbO_2的形成过程伴随着基底 Pb 向 PbO 的氧化，且由于在 O_2 的析出过程中生成的 O^{2-} 扩散进入氧化层后，均匀分配给式(1-5)和式(1-6)，使 PbO 层的厚度保持不变，而 PbO_2 层不断增厚[142,143]。

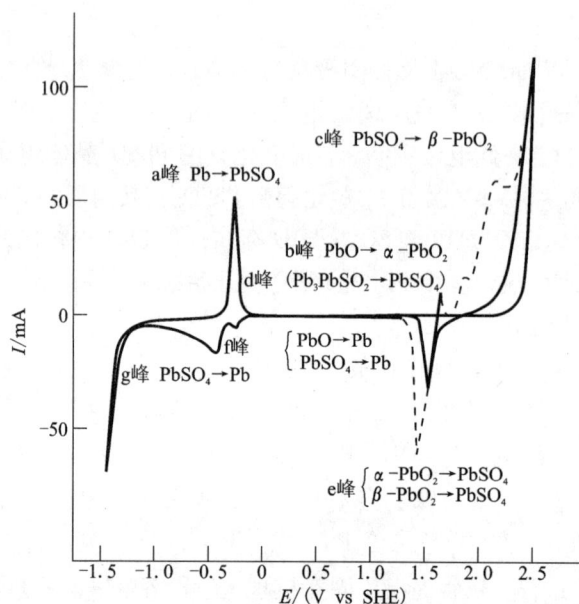

图 1-3 铅阳极在硫酸溶液中典型的 CV 曲线

1.3.2 铅合金阳极的表面氧化膜

铅合金阳极表面氧化膜的组成和结构受极化电位、极化时间等因素的影响。常用的研究方法就是将阳极在一定的电位下恒压极化一定的时间，然后利用 X-射线衍射、拉曼光谱、红外光谱等方法分析阳极膜组成。在这些研究中，以 PbO 电位区的膜结构研究最为广泛，分歧也最多。

(1)PbO 电位区

铅阳极在 $-0.4 \sim 0.95\ V$(vs. Hg/Hg_2SO_4)之间所形成的阳极膜体系一般表示为 $Pb/PbO/PbSO_4$，常用的研究电位为 $0.9\ V$(铅酸电池放电结束后正极板栅的电位)。人们研究的焦点是在该电位区所形成的阳极膜内的 PbO 究竟是 t-PbO 还是 o-PbO，且在 PbO 和 $PbSO_4$ 之间是否存在 $PbO \cdot PbSO_4$ 和 $3PbO \cdot PbSO_4$ 等 Pb-S-O 化合物。借助光导电谱，有学者认为膜中的 PbO 仅为 o-PbO[144]，有人认为在极化初期是 o-PbO，但随着极化时间的延长，会逐渐转化为 t-PbO[138,145]，因此在很长的时间段内是两种构型的 PbO 同时存在[146]。也有学者通过光电流频谱线获得了 $E_g(t-PbO) = 1.92$ eV，$E_g(o-PbO) = 2.60$ eV，并由膜中两种构型 PbO 相对含量的比值（$t-PbO/o-PbO$）不断增大成功解释了 PbO 膜的光电流频谱线随极化时间的增加而红移的现象[135]，这很好地支持了第二种说法。

而对于膜层中存在的 $PbO \cdot PbSO_4$，由于其相对含量很少，很多学者都忽视了其存在。国内一部分学者通过对阳极膜组成的定性和定量分析，计算出了膜层中 $PbO \cdot PbSO_4$ 的生长电量[147]，并用石英微天平法[148]进行了证实。而且，为了维持 $PbSO_4$ 膜内的碱性环境，相当数量的 $PbO \cdot PbSO_4$ 的存在是必要的。无可置疑，在 0.9 V 下形成的氧化膜其内部存在 PbO，并按下式进行生成：

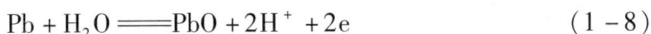

$$Pb + H_2O \Longrightarrow PbO + 2H^+ + 2e \qquad (1-8)$$

每生成 1 mol 的 PbO，会有 2 mol 的 H^+ 形成。H^+ 虽然能通过 $PbSO_4$ 半透膜迁移至溶液本体，但其迁移数是小于 1 的，即，PbO 的形成过程会造成 $PbSO_4$ 膜内碱性环境的减弱，从而破坏 PbO 的稳定存在环境。因此，必须通过以下反应来消耗一部分的 H^+，来维持膜内部的碱性环境[149]。

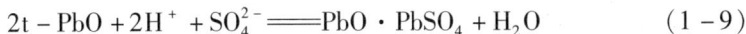

$$2t-PbO + 2H^+ + SO_4^{2-} \Longrightarrow PbO \cdot PbSO_4 + H_2O \qquad (1-9)$$

$$4t-PbO + 2H^+ + SO_4^{2-} \Longrightarrow 3PbO \cdot PbSO_4 + H_2O \qquad (1-10)$$

这从理论上证明了 $PbO \cdot PbSO_4$ 的存在。因此，可以说，在 PbO 电位区内，阳极表面氧化膜外层为 $PbSO_4$，内层为 $t-PbO$ 和 $o-PbO$ 的混合物，中间存在 $PbO \cdot PbSO_4$ 和 $3PbO \cdot PbSO_4$ 的过渡层。同时，如果极化时间足够长的话，内层 PbO 的构型为 $t-PbO$。

（2）PbO_2 电位区

在 PbO_2 电位区，将同时发生 O_2 的析出反应，因此，也可称之为氧析出电位区。研究该电位区阳极氧化膜的结构和组成，有助于理解阳极表面的析氧机理，进而为电极的修饰提供理论基础。

普遍研究认为[150,151]，PbO_2 电位区阳极表面氧化膜主要含有两种构型的 PbO_2，即 $\alpha-PbO_2$ 和 $\beta-PbO_2$。而通过对阳极析氧过程的深入研究，人们也逐渐认识到在 PbO_2 层与基体 Pb 以及溶液界面处，分别还存在有过渡层，最经典的莫过于 $Pb/PbO_n/PbO_2/PbO(OH)_2/H_2SO_4$（$1 \leqslant n < 2$）电极结构模型[152]：在 O_2 析出过程中，活性 O 能通过氧化物层向基底迁移，使金属基底表面发生如下反应：

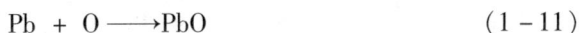

$$Pb + O \longrightarrow PbO \qquad (1-11)$$

生成的 PbO 可继续通过以下反应与不同数量的 O 结合：

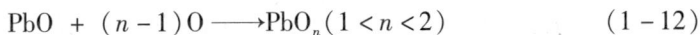

$$PbO + (n-1)O \longrightarrow PbO_n \ (1 < n < 2) \qquad (1-12)$$

$$PbO_n + (2-n)O \longrightarrow PbO_2 \qquad (1-13)$$

活性 O 原子在氧化膜层中的迁移速率影响了以上三个反应的相对速率，而后决定了 PbO_n 层的化学计量系数 n 和厚度[153]。一般说来，由于 O 在氧化层中具有浓度梯度，且是一个边传输边消耗的过程，因此 n 是一个从外层到基底连续变小的值。对于 PbO_n，其总化学计量系数 n 与施加在阳极表面的电位和阳极的合金成分有关：电位越高，n 值越大，当电位从 1.4 V 增加到 1.55 V 时，n 由 1.4 增大到 1.75。n 值越大，其电子传导性越好，在 $n > 1.5$ 时，其电导率接近于 PbO_2 的电导率。而氧化膜表面析氧反应过程失去的电子需要通过 PbO_n 层才能进入集流体，故 n 值影响阳极的析氧过程。在 PbO_2/H_2SO_4 界面为 $PbO(OH)_2$ 凝胶层，是一种水合聚合物链结构。该凝胶层是析氧反应的场所，提供析氧过程的活性中心。

采用以上模型对分析铅合金阳极表面的析氧行为有利，但模型过于理想。人们在实际的研究过程中发现，PbO_2 电位区阳极表面氧化膜成分主要有 PbO_2、$PbSO_4$、PbO、$PbO \cdot PbSO_4$ 和 $3PbO \cdot PbSO_4$ 等，这一方面与极化时间不够长有关，另一方面是由于成分测试一般采用的为非现场测试，而氧化膜一旦断电，由于处理方式及放置时间的不同，表面就会自发的发生各种不同的氧化还原反应，从而形成不同的膜层结构[154]。这给氧化膜成分的确定带来了难度。

1.4 需要研究的内容

由前面的内容可知，湿法冶金过程节能降耗的关键是寻找新型节能阳极，降低电积工序的能耗。多孔阳极由于减少了阳极真实电流密度，可大幅度降低阳极电位和腐蚀率，从而降低阴极产品的单位电耗和提高产品品质，是一种很有发展前途的新型阳极。但其过低的机械强度和较差的导电性能，阻碍了其工业化应用。

针对上述问题，本书总结相关领域的先进研究成果，提出"反三明治"结构复合多孔阳极的新思路，并从阳极电化学行为、阳极结构、合金成分上对其进行深入研究和性能改善。模拟锌电解和铜粉电解过程，研究复合多孔阳极在湿法冶金电积过程的应用特性，形成复合多孔阳极的工业应用技术方案。最后，以锌电积过程为具体应用对象，设计和制造工业尺寸复合多孔铅合金阳极的反重力渗流铸造设备，制备复合多孔阳极，并在锌电积现场开展工业试验，全面考察复合多孔阳极在工业现场的适用性。本书的主要内容如下：

（1）多孔铅合金阳极的电化学行为

以铅合金传统平板阳极在 H_2SO_4 体系中的电化学行为研究方法为参考，通过 CV、CP 和 Tafel 曲线研究孔径、多孔层厚度、极化时间等因素多孔铅合金阳极极化过程、氧化膜结构以及 O_2 的析出过程的影响，并与铅合金传统平板阳极进行对比。

（2）"反三明治"结构复合多孔铅阳极的制备与性能

参照多孔 Al 的结构增强方法，设计、开发芯为致密金属，外侧为铅合金多孔层的"反三明治"结构复合多孔阳极。研究芯板厚度及多孔层孔径和厚度对复合多孔阳极导电性能、力学性能、阳极电位、阳极腐蚀速率及电极表面电流密度分布的影响规律，从而对阳极结构进行优化。最后模拟锌电积过程，检验复合多孔阳极设计的优劣性。

(3) Pb – Ag – RE 合金的力学性能与电化学性能

以铅酸电池用 Pb – RE 板栅合金的研究成果为指导，研究 RE 的种类和含量对 Pb – RE 的力学性能、阳极电位和阳极腐蚀率的影响，并以此为依据筛选合适的 RE 元素制备 Pb – Ag – RE 三元合金。系统研究 RE 对三元合金力学性能、阳极析氧性能和耐腐蚀性能的影响，并从合金金相、氧化膜结构及形貌等方面研究 RE 对铅合金理化性能的影响机理。最终，筛选出一种适用于湿法冶金电积过程的低 Ag 含量、低阳极电位、高力学强度和具有耐腐蚀性能的新型铅合金。

(4) 多孔铅合金阳极在锌电积和铜粉电积过程中应用的关键技术

以工业应用为目标，研究电解液中 Mn^{2+} 浓度对多孔铅合金阳极在锌电积过程中的阳极电位、槽电压、阳极腐蚀率、阳极泥、氧化膜形貌、阴极电流效率、阴极产品品质和能耗的影响，获得适用于多孔铅合金阳极的最佳 Mn^{2+} 浓度；研究 Fe^{2+} 浓度、H_2SO_4 浓度、温度、搅拌强度等因素对 MnO_2 溶解速率的影响规律，获得阳极表面阳极泥溶蚀法去除技术及其过程控制方法；研究不同孔径 Pb – Ag 和 Pb – Ag – Ca 多孔阳极在铜粉电积过程中的应用特性，并与相应的传统平板阳极进行对比，检验多孔阳极在铜粉电积过程的适用性。

(5) 复合多孔铅合金阳极的锌电积工业应用试验

综合前期研究成果，设计制造大尺寸复合多孔阳极的反重力渗流铸造设备，制备锌电积工业用复合多孔铅合金阳极。在锌电积现场开展复合多孔铅合金阳极的工业试验，从槽电压、阳极腐蚀率、Mn^{2+} 的贫化及阳极泥生成量、阴极锌品质及析出效率、吨锌能耗等方面与现场的传统平板阳极进行对比，为复合多孔阳极的大规模工业应用积累经验。

第2章　多孔铅合金阳极的电化学行为

2.1　引言

多孔铅合金阳极应用于锌电积过程时，能够降低阳极电位和阳极腐蚀率，是一种很有发展前景的新型阳极。但从文献报道来看，对多孔阳极的研究仅限于其制备以及恒流极化过程中的阳极电位和腐蚀速率，而对其表面氧化膜的形成过程及析氧机制的研究未见报道。

多孔铅合金阳极实质上是一种三维电极，其孔结构、通孔度、电极厚度等对阳极极化过程的传质、传荷产生影响，从而进一步影响其电化学行为。对多孔铅合金阳极电化学行为的深入研究，有助于理解多孔阳极节能降耗的本质，为多孔阳极性能的进一步提升提供理论指导。

本章致力于通过各种电化学测试手段，研究不同孔径和厚度的多孔阳极表面氧化膜结构、阳极极化过程以及析氧机理，并与工业上广泛采用的 Pb – Ag(0.8%)传统平板阳极进行对比。

2.2　研究过程

2.2.1　电极的制备

利用反重力渗流法制备不同孔径的多孔材料，原料为 Pb – Ag(0.8%)合金。将多孔材料线切割成具有 10 mm × 10 mm 的测试面积和不同厚度(1 mm，2 mm，3 mm，4 mm，5 mm)的样品，背面为致密金属板，用来焊接铜导线，并用环氧树脂将样品背面密封，获得测试电极。

2.2.2　电极的性能测试

整个电化学测试在玻璃三电极体系内进行，测试电极为多孔铅合金阳极，对电极为 20 mm × 20 mm 的 Pt 电极，参比电极为双盐桥饱和甘汞电极(SCE)。若无特别说明，本章所有的阳极电位均是与 SCE 的相对值。为了增加测试结果的普适性，测试所用电解液选用 160 g/L 的 H_2SO_4 溶液，利用 HH – 1 型电热恒温水浴锅使电解液温度保持在(35±0.5)℃。电化学测试仪器为 PARSTAT 2273 电化学综合测试仪,并通过 PowerSuit 软件进行控制。

测试前,电极在经过碱性除油和酒精除油后,用去离子水清洗。而用于对比的传统平板阳极在用金相磨样机磨平、抛光后,同样进行除油处理。同时,在进行电化学测试时,都要预先将测试电极在 −50 mA/cm² 的电流密度下极化 10 min,以充分去除电极表面的氧化物,露出新鲜基底。随后,立即进行相关的电化学测试。

(1)循环伏安测试(CV)

测试各阳极的循环伏安曲线,分析对比平板和多孔铅合金电极表面的电化学氧化还原过程,也为后继的计时电位测试和 Tafel 测试分析提供了依据。具体测试方法如下:在 −1.0~2.1 V 的范围内以 3 mV/s 的速度扫描,循环 2 圈。

图 2 − 1 为 Pb − Ag(0.8%)合金传统平板阳极在 H_2SO_4 溶液中典型的 CV 曲线,从图中可以看出,在正向扫描时,出现了两个氧化峰(A1 和 A2),而在负向扫描时,除了三个还原峰(C1、C2 和 C3)外,还出现了一个氧化峰(A3)。其中,A1 峰的峰电位在 −0.4 V 左右,是 Pb 氧化为 $PbSO_4$ 的反应峰[155];A2 峰在 1.9~2.1 V 的范围内,一般认为是 $PbSO_4$ 氧化生成 PbO_2 以及 O_2 的析出峰的叠加;A3 峰是负向扫描时出现的,在 1.45 V 左右,对此峰所代表的反应,一般认为是电极表面氧化膜在循环过程中破裂,露出了新鲜基底,Pb、PbO_2 与 H_2SO_4 反应生成 $PbSO_4$,此反应的程度可表征电极的耐腐蚀性能[156];C1 峰出现在 1.4 V 左右,代表了 PbO_2 向 $PbSO_4$ 的还原;C2 峰在 −0.44 V 左右,为 PbO 和 PbO·$PbSO_4$ 等高阻抗二价铅硫氧化合物向 Pb 的还原[157],由于是多种化合物的还原,还原峰的形状一般不规则;C3 峰在 −0.55 V 左右,是 $PbSO_4$ 向海绵 Pb 的还原峰;电位继续负向扫描,电极表面开始析出大量 H_2。

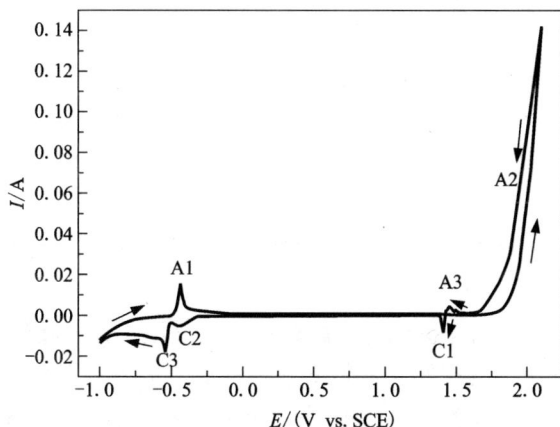

图 2 − 1　Pb − Ag(0.8%)合金传统平板阳极的循环伏安曲线

(2)计时电位测试(CP)

为了表征阳极氧化膜的组成及各组分的含量,采用小电流计时电位法测试各阳极表面氧化膜在 -5 mA/cm^2 的还原电流下的 $E-t$ 曲线。即,将铅合金阳极先在 50 mA/cm^2 的电流密度下极化 30 min 成膜,然后立即施加 -5 mA/cm^2 的反向电流,氧化膜在还原电流的作用下依次向低价态还原,并在 $E-t$ 曲线上呈现出多个电位平台,而各平台的长度代表了各价态 Pb 化合物全部还原所需的电量,从而表征电极表面膜层中各组分的含量。

图 2-2 为 Pb-Ag 合金传统平板阳极成膜 30 min 后在 -5 mA/cm^2 还原电流下的 $E-t$ 曲线,从图中可以看出,曲线表现出四个明显的电位平台。根据各平台的电位,结合 Pb-Ag 合金传统平板阳极的 CV 曲线,可知其各自对应的电化学反应:平台 Ⅰ,电位 1.4 V 左右,对应 PbO$_2$ 向 PbSO$_4$ 的转变;平台 Ⅱ,电位 -0.4 V 左右,对应 PbO 及少量 PbO·PbSO$_4$ 高阻抗二价铅硫氧化合物向海绵 Pb 的转变;平台 Ⅲ,电位 -0.52 V 左右,对应 PbSO$_4$ 向海绵 Pb 的转变;平台 Ⅳ,电位 -0.8 V 左右,对应 H$_2$ 的析出。这表明 Pb-Ag 合金在氧化 30 min 后,表面膜层的主要成分为 PbO$_2$、PbO、PbO·PbSO$_4$ 和 PbSO$_4$,可以通过 $E-t$ 曲线进行很好的区分。

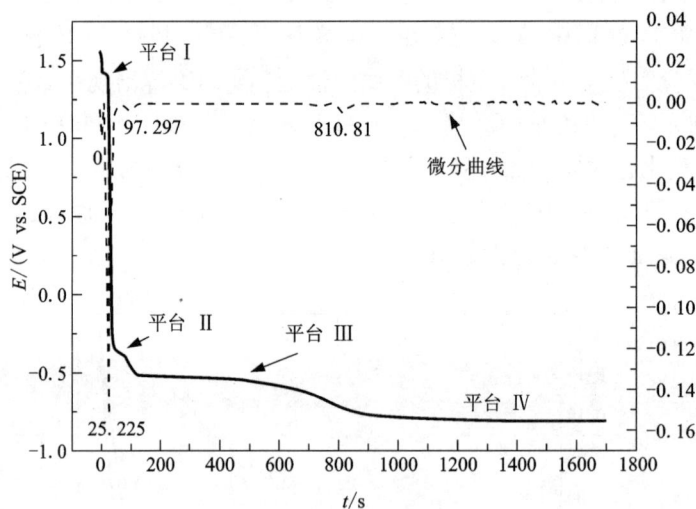

图 2-2　Pb-Ag(0.8%)合金传统平板阳极成膜 30 min 后的计时电位曲线

从图中还可以看出,各平台之间都有一个过渡段,这给通过时间平台经历的时间长短来计量表面膜组成的含量带来一定的难度。本章通过对 $E-t$ 曲线进行一次微分获得 $E-t$ 曲线各点的变化率,如图 2-2 所示。在各平台的分界处,$E-t$ 曲线的斜率发生突变,形成几个极小值。以微分曲线中的极小值所在时间点作为对应平台的分界点，通过下式计算各成分的还原电量：

$$Q_i = I \cdot A \cdot (t_{i+1} - t_i) \qquad (2-1)$$

式中：Q_i 为第 $i(i=1,2,3)$ 个平台所对应膜层组分的还原电量，C；I 为还原电流密度，A/m²；A 为阳极表观表面积，m²；t_i 为第 $i(i=1,2,3)$ 个时间分界点所对应的时间，亦为第 i 个平台的起始时间点，s。

由于 PbO_2 的还原产物为 $PbSO_4$，平台 I 的还原产物也会在平台 III 进一步还原成金属 Pb。因此为了表征膜层中 $PbSO_4$ 的真实含量，在计算 $PbSO_4$ 的还原电量时，需要减去 PbO_2 还原生成的 $PbSO_4$ 所需还原电量。按式(2-1)计算出 Pb-Ag 合金表面氧化物组成的还原电量，如表 2-1 所示。

表 2-1　Pb-Ag 合金传统平板阳极表面氧化膜组分的还原电量

氧化膜组分	PbO_2	PbO 和 $PbO \cdot PbSO_4$	$PbSO_4$
还原电量/C	0.126	0.360	3.441

（3）极化曲线测试（Tafel）

测试各阳极在恒流（50 mA/cm²）极化 30 min 成膜后的 Tafel 曲线，分析电极表面的析氧电催化活性。扫描速度为 1 mV/s，电位区间为 1.65~1.8 V。由于铅合金电极表面氧化物成分复杂，对工作条件反应敏感，很难达到一个完全稳定的状态。因此，在测试电极的电化学反应活化过程中，为了能够更加准确地反映阳极响应电流随电位的变化规律，本章在测试的电位范围内（1.7~2.0 V）等间距（25 mV）选取电位点，在各电位点恒压极化 30 min，使反应电流达到稳定值，以稳定电流值作为各电位点下的响应电流，再绘制 Tafel 曲线，具体测试制度如图 2-3 所示。

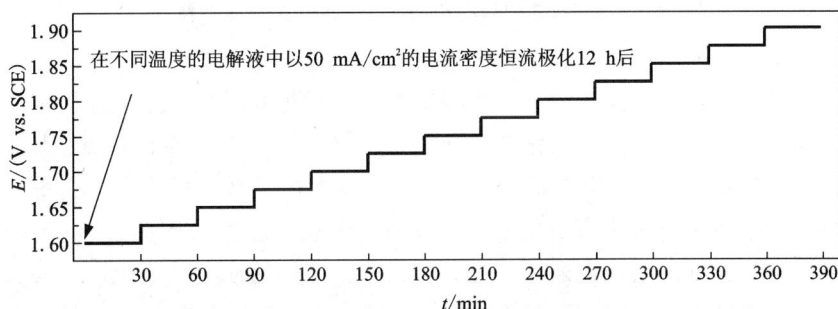

图 2-3　稳态 Tafel 曲线的测试方法

图 2-4 为 Pb-Ag 多孔阳极在电解液温度为 60℃时的恒流极化曲线。从图中可以看出，经过预先 12 h 的恒流极化之后，各电位下的响应电流很快就能达到稳定，但在电位较高时电流的稳定速度慢，且呈周期性波动。这可能是由于高电位区电极表面的氧化膜结构有所改变，且 O₂ 的析出量大，对氧化膜的冲刷作用严重造成的。此时，若采用线性扫描的方式获得 Tafel 曲线，则整个过程不是一个稳定状态。

(4) 表面积测试

采用电化学法测试多孔电极的表面积。当电极浸入电解液中时，电极/溶液界面立即形成双电层，而双电层的微分电容与电极的真实表面积成正比。汞电极的表面最光滑，其双电层电容为 20 μF/cm²，人们常以此值为标准，表示单位表面积的电容值。

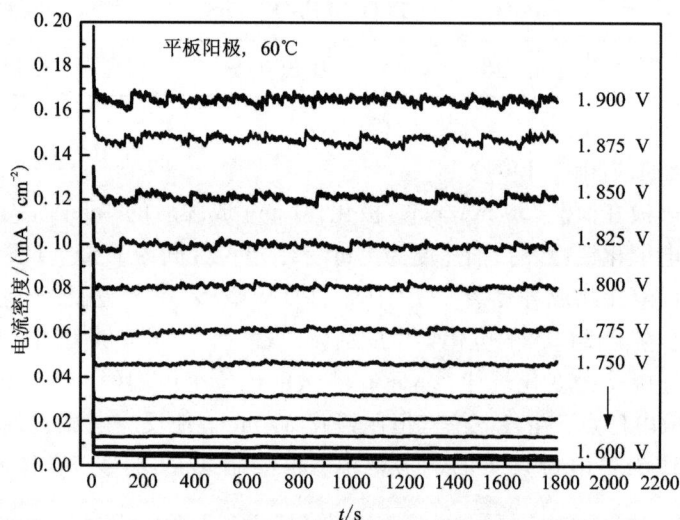

图 2-4 多孔阳极在不同电压下的恒流极化曲线

一般说来，电极的双电层电容的测试方法包括电位阶跃法、电流阶跃法、三角波扫描法、方波电位法及电化学阻抗法等[158]。这些方法各有特点，其中，电化学阻抗法测量较精确，但多适用于滴汞或悬汞电极等微电极体系。三角波电位扫描法适用于测试过程中有电化学反应存在的电极，但操作较繁琐。电流阶跃法由于多孔电极各处的溶液电阻不一致，造成电极各处的充电效果也不一致，使测量值较实际值偏低，不适用于多孔电极。测试多孔电极的双电层电容常用电位阶跃法[159]，它是给处于开路电位的电极施加一个很小的电位阶跃。此时，由于时间短，电压振幅小，电极表面首先进行双电层充电，电化学反应还来不及进行，表现为响应电流从 0 突然升高，并在阶跃时间内迅速回落至 0。此电流为双电层充电电流，曲线覆盖面积即为充电电量，电极的双电层电容可通过下式计算：

$$C_{\mathrm{d}} = \frac{\Delta Q}{\Delta \varphi} = \frac{\int_0^t I \mathrm{d}t}{\Delta \varphi} \qquad (2-2)$$

式中：C_{d} 为双电层电容，F；t 为阶跃时间，s；I 为响应电流，A；$\Delta \varphi$ 为电位阶跃振幅，V。

对于多孔铅合金电极，在按前面所述方法预处理好后，将电极首先在160 g/L的硫酸溶液中浸泡 3 h，使电极表面生成一稳定的 $PbSO_4$ 层，此时，电极的开路电位基本稳定。然后给电极施加一个步长为 0.2 s，振幅为 5 mV 的电位阶跃，获得电极的双电层充电电流响应曲线，如图 2-5 所示。为减少实验误差，每个电极进行 5 次实验，计算 5 次实验结果的平均值为测试电极的最终双电层电容值。

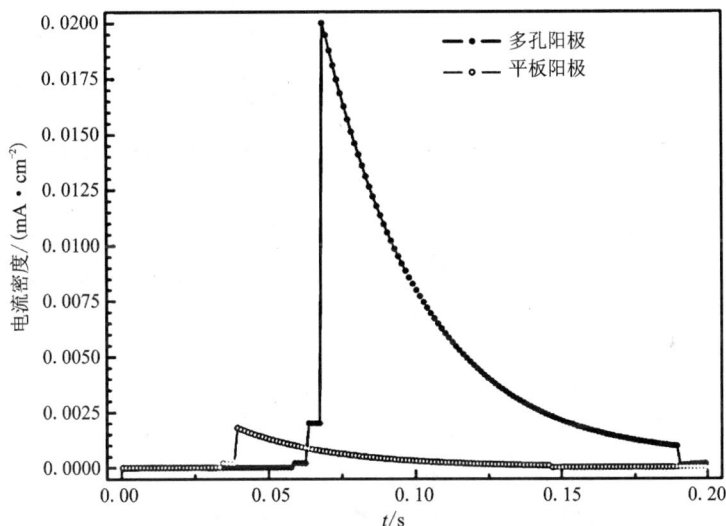

图 2-5　传统平板阳极和多孔阳极的计时安培曲线

由于电极表面不可能绝对光滑，且表面实质上已生成了一层 $PbSO_4$，增加了电极表面的粗糙度，据式(2-2)计算的传统平板阳极的电化学表面积较其几何尺寸大得多。本文以在传统平板阳极表面所测得的表面积为基准，将同样几何尺寸的多孔阳极测试表面积除以基准，获得各多孔阳极相对于传统平板阳极的相对表面积，其结果如表 2-2 和表 2-3 所示。

表 2-2　不同孔径多孔阳极相对于传统平板阳极的表面积(多孔层厚度：3 mm)

阳极孔径/mm	0.6~0.8	0.8~1.0	1.0~1.25	1.25~1.43	1.43~1.60	1.6~2.0	2.0~2.5
相对表面积	11.727	11.506	11.475	10.53	10.369	9.886	9.443

表2-3   不同多孔层厚度的多孔阳极相对于传统平板阳极的表面积(孔径:1.43~1.60 mm)

多孔层厚度/mm	1	2	3	4	5
相对表面积	9.437	10.449	10.369	10.397	11.269

从表2-3可以看出,多孔电极的表面积基本上为平板阳极表面积的10倍左右,且当多孔层厚度一定时,多孔阳极的表面积随着孔径的增大而减小,当孔径一定时,其表面积随着多孔层厚度的增大而增大,但增加的幅度较小。

2.3   多孔阳极的结构特点

将多孔金属材料用作电化学反应用电极,其实质就是利用多孔金属巨大的比表面积提供更多的电化学反应界面,从而增加单位体积电极的反应能力。由于多孔电极为三维电极,电极内部参与电化学反应,因此区别于传统平板阳极的是,其电极内部传质和传荷同时进行。对于这样一种三维电极(图2-6),由于制备过程中填料粒子堆积的随机性以及粒子孔径和铅合金熔体表面张力的影响,其孔结构包括通孔(B)和闭孔(A)两种,而通孔之间重合程度用通孔度(I)来描述。基于这样一种孔结构,溶质在电极内部的传输通道分为长程(1)和短程(2)两种,长程对传质不利,易于引起浓差极化。电极/溶液界面是发生电化学反应的场所,多孔电极的反应面有孔内壁(a)、平台(b)和边角(c)三类,而孔内壁的曲率可通过孔径(R)来描述,不同的反应面会对电力线的局部分布产生影响,从而影响电极的电化学行为。

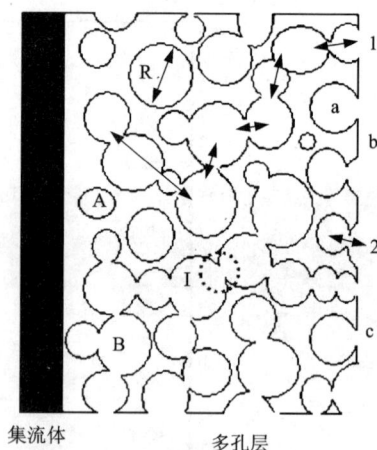

图2-6   多孔电极结构示意图

2.4   多孔铅合金阳极的 CV 特性

2.4.1   孔径对多孔阳极 CV 特性的影响

图2-7为多孔层厚度为2 mm,孔径分别为0.6~0.8 mm、1.0~1.25 mm和

1.43～1.60 mm 的多孔阳极和传统平板阳极在 160 g/L H_2SO_4 溶液中的循环伏安曲线。从图中可以看出，多孔阳极的 CV 曲线的形状与传统平板阳极基本相同，曲线可以分成三个区域:区域Ⅰ，－1.0～0.2 V，发生 Pb(Ⅱ)与 Pb 的相互转化反应;区域Ⅱ，0.2～1.0 V，为铅阳极的钝化区;区域Ⅲ，1.0～2.1 V，主要发生 Pb(Ⅳ)和 Pb(Ⅱ)的相互转化及 O_2 的析出。

(1)区域Ⅰ

对于铅合金电极，从初始电位开始正向扫描，电极表面开始发生氧化反应，生成 $PbSO_4$ 并附着在电极表面。随着扫描的继续进行，电位线性增大，电极极化增加，但反应物 SO_4^{2-} 向电极表面的迁移速度仍大于电荷的转移速度，反应电流增大，电极表面 $PbSO_4$ 的覆盖度也逐渐增加。当覆盖度达到一定值时，SO_4^{2-} 向电极表面的迁移速度和电荷的转移速度相等，电流达到了最大值。随后，电极表面 $PbSO_4$ 的覆盖度继续增大，$PbSO_4$ 膜的厚度和致密性也逐渐增加。由于 $PbSO_4$ 膜为一种半透过性膜，只有 H^+、OH^- 和 H_2O 这种离子和小分子才能自由通过[160]，因此 SO_4^{2-} 向电极表面的迁移速度开始小于电荷转移速度，反应由 SO_4^{2-} 在 $PbSO_4$ 内的扩散控制，电流开始变小。当电极表面形成一致密的 $PbSO_4$ 钝化膜时，基底与电解液隔绝，SO_4^{2-} 基本无法向内部传输，电极表面的反应电流降至最低，阳极进入钝化区。由于在氧化反应过程中，要消耗 SO_4^{2-} 阴离子，而 $PbSO_4$ 半透膜又阻碍了 SO_4^{2-} 的及时补充。为保证膜内环境的电中性，需要增加等量的 OH^-，从而使膜内的 pH 升高[161]。膜内的碱性环境促进了 PbO 和 PbO·$PbSO_4$ 等二价铅硫氧化合物的生长，使得 A1 峰的形状左右不对称，在右半部分有肩峰出现。

从图 2-7 可以看出，阳极孔径对区域Ⅰ的 CV 曲线的形状产生了影响。对于采用多孔电极的电化学体系，电解液除了通过浓度梯度向电极表面扩散外，还需要通过多孔电极内部弯曲、狭长的通道向电极内部传输，而此时电极/溶液界面的电子交换也同时进行。即，在多孔电极内部，反应物离子是边消耗边传输的过程。多孔电极由平板电极的二维改进到三维，电极/溶液界面面积成倍增加，从而使氧化还原峰的峰电流和峰面积增加。孔径越小，电极的表面积越大，从而使电极的峰电流和峰面积越大(表 2-4)。但多孔电极内部这种复杂的传质、传荷过程会使电极内部产生浓差极化现象，导致峰电位的分离[162]。读取各阳极 Pb/$PbSO_4$ 氧化还原反应峰电流和峰电位，其结果列于表 2-4。从表中可以看出，各电极的氧化还原峰的峰电位都发生了明显的偏移，基本上为氧化峰向正向偏移，还原峰向负向偏移，且随着多孔电极孔径的减小，偏移程度增加，即峰电位的分离程度(ΔE_p)变大。对于铅合金多孔阳极，孔径越小，离子传输通道也就越狭窄和弯曲，因而离子在电极内部的扩散阻力越大，从而使 ΔE_p 更大。由于多孔电极与传统平板阳极一样，在其外表面也进行着电化学反应，故其氧化还原峰的初始

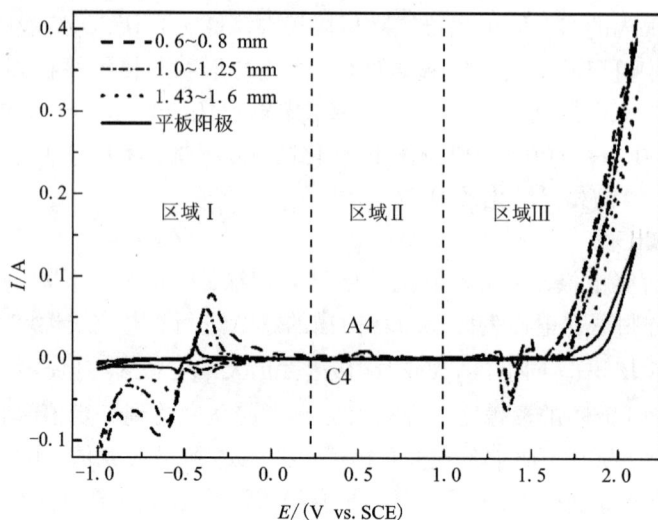

图 2 - 7　不同孔径多孔阳极的 CV 曲线

电位与传统平板阳极没有差别。

同时，可以发现，多孔阳极的峰面积并没有像其表面积一样增加到了传统平板阳极表面积的 10 倍左右。这是因为电极内部是一个反应物离子边消耗边传输的过程。离电极表面越远，离子浓度越小，电极表面的反应强度从外到内依次减小，从而使峰电流和峰面积无法随表面积等比例增加，这也说明电极多孔层的厚度根据孔径的不同可以有一个相应的最佳值，即"特征深度"。

表 2 - 4　各阳极 Pb/PbSO$_4$ 氧化还原峰的峰电流和峰电位

阳极孔径/mm	E_{pa}/(V vs. SCE)	E_{pc}/(V vs. SCE)	ΔE_p/ V	I_{pa}/A	I_{pc}/A
0.6 - 0.8	- 0.349	- 0.641	0.292	0.077	- 0.081
1.0 ~ 1.25	- 0.374	- 0.603	0.210	0.059	- 0.064
1.43 ~ 1.60	- 0.393	- 0.566	0.173	0.041	- 0.036
平板阳极	- 0.436	- 0.541	0.105	0.015	- 0.014

传统平板阳极 A1 峰的对称性较好。从图 2 - 7 还可以看出，多孔阳极的肩峰明显。这是因为多孔阳极由于基体表面具有各种突出和边角，易成为 PbSO$_4$ 膜的薄弱环节，从而有利于 Pb^{2+} 和 SO$_4^{2-}$ 向膜内的渗透而生成 PbO · PbSO$_4$，使反应电流有下降趋势。多孔电极达到完全钝化的时间更长，这对阳极的耐腐蚀性能不利。

（2）区域Ⅱ

致密 $PbSO_4$ 膜的形成使阳极表面与电解液隔绝，电极表面没有明显的电化学反应，即发生钝化。如图 2 - 8 所示，传统平板阳极在区域Ⅱ没有氧化还原峰，电流接近于零。但在多孔阳极的 CV 曲线上发现了一对新的不可逆的氧化还原峰，这在以往的 Pb - Ag 合金阳极的 CV 曲线中没有过报道，显然是多孔结构使这对反应峰显现出来。对于铅合金阳极，合金元素含量较高时，可在其循环伏安曲线上发现相应合金元素的氧化峰[163]。多孔阳极的原料为 Pb - Ag(0.8%)合金，因此，可以猜测此反应峰为合金元素 Ag 的氧化还原峰。研究认为[164]，Ag 在硫酸溶液中阳极极化时，会先后生成 Ag_2SO_4 和 AgO，其中前者的电化学反应方程式为：

$$Ag_2SO_4 + 2e \longrightarrow 2Ag + SO_4^{2-}$$

式中：SO_4^{2-} 和 Ag_2SO_4 的标准吉布斯自由能分别为 - 744.53 kJ/mol 和 -618.4 kJ/mol，从而整个反应的 $\Delta G^\ominus = -744.53 - (-618.4) = -126.13$ kJ/mol，其标准电极电位为：

$$E^\ominus = -\frac{\Delta G^\ominus}{nF} = -\frac{-126.13 \times 10^3}{2 \times 96500} = 0.41(\text{V vs. SCE})$$

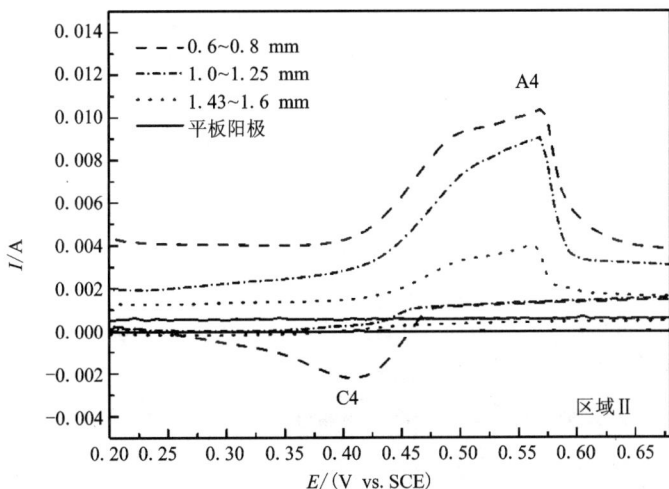

图 2 - 8　图 2 - 7 中区域Ⅱ的局部放大图

因此可以断定，在钝化区新出现的氧化还原峰为 Ag/Ag_2SO_4 电对。由于多孔阳极的反应面积增加，从而使相同电位下的 Ag/Ag_2SO_4 电对的反应电流增大，以致在 CV 曲线上得以显现。从图中也明显看出，随着多孔阳极孔径的减小，峰面积和峰电流增加，但对峰电位没有影响。多孔阳极的孔径越小，其表面积越大，故峰面积和峰电流也就越大。

(3)区域Ⅲ

随着电位的继续正向扫描，$PbSO_4$开始氧化生成PbO_2，在此同时，O_2开始析出，阳极表面的反应电流急剧上升，如图2-9所示。到达转向电位后，电位负向扫描，电流从极值开始下降，但可以发现，负向扫描的电流较正向电流大。这是由于$PbSO_4$的摩尔体积($48~cm^3/mol$)较PbO_2($25~cm^3/mol$)大了约1倍，在PbO_2的生成过程中，膜层体积缩小，氧化膜变得疏松多孔，比表面积增大，从而增大了电极的析氧能力。体积的变化甚至造成了膜层的开裂，从而露出了铅合金基底，在负向扫描至1.5 V左右时，出现了基底的氧化峰（A3），使铅合金阳极发生腐蚀。从图2-9可以看出，多孔阳极的A3峰面积和峰电流随孔径的减小而增大，当孔径为1.43～1.60 mm时，峰的大小跟传统平板阳极差不多。从表2-2可知，多孔阳极的表面积约为传统平板阳极的10倍，假设单位面积阳极膜的裂纹数相同，A3峰的面积仅由阳极的表面积决定，则其峰面积将为传统平板阳极的10倍左右，这与图2-9中的现象明显不符，尤其当孔径较大时更加明显。这说明多孔阳极减少了裂纹的密度，且孔径越大，裂纹的密度越小，越有利于降低阳极单位面积的腐蚀率。这是由于多孔阳极的反应面基本上是球的内表面，电极表面生成的氧化物互相挤压，且内应力指向基底，膜层的致密性较平板阳极好，耐体积变化的能力大。但如前所述，多孔阳极的边角是膜层的薄弱环节，且孔径越小，边角越多，因此小孔径多孔阳极的峰面积较大孔径的明显增大(图2-1)。

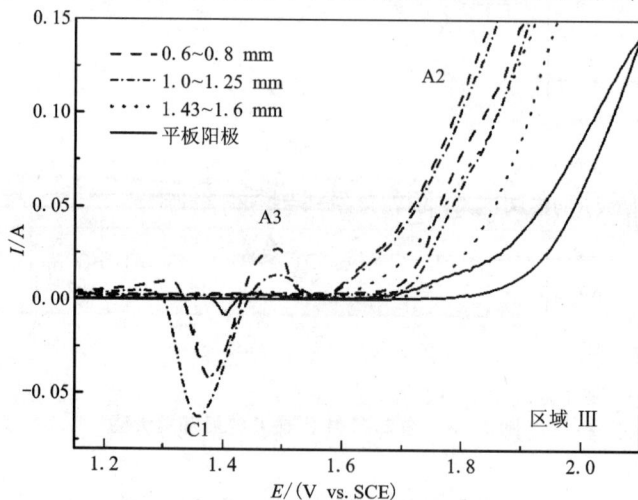

图2-9 图2-7中区域Ⅲ的局部放大图

图 2 - 10　多孔阳极表面氧化膜形貌

从图 2 - 9 还可以看出,多孔阳极的析氧初始电位较传统平板阳极低,且析氧电流较传统平板阳极大。这说明多孔结构对析氧过程有一定的去极化作用,增加了电极的析氧活性,有利于降低阳极析氧过电位。同时,由于孔径越小,阳极表面积越大,使得析氧电流随孔径的减小而增大,但电流的增大幅度在孔径较小时已经不明显。这是由于析氧过程中,电极内部生成的 O_2 需要通过弯曲的通道以气泡的形式逸出,孔径变小时,逸出阻力增大,部分气泡会滞留在电极内部,将电解液挤出,使内部孔洞不能发挥作用,减小了孔洞的有效利用率,从而抵消了表面积增大的影响。这说明,多孔阳极的孔径要适度,即在保证尽量增大表面积的同时,也要不影响电极内部气泡的逸出。

2.4.2　多孔层厚度对多孔阳极 CV 特性的影响

图 2 - 11 是具有不同多孔层厚度,孔径为 1.43 ~ 1.60 mm 的多孔阳极在 160 g/L H_2SO_4 溶液中的循环伏安曲线。从图中可以看出,$Pb/PbSO_4$ 电对的氧化还原峰的峰面积以及峰电位分离程度均随着多孔层厚度的增加而增加。从表 2 - 3 可知,多孔层厚度增加,可以增大多孔电极的表面积,从而使相同电压下的反应电流增大。但同时,厚度的增加使溶质离子向电极内部传输的通道变长,曲折度增加,这将增加传质阻力,从而增加了峰电位的分离程度。

从图中还可以看出,不同厚度的多孔阳极的 A2 峰并没有表现出与其他峰一样的变化规律,响应电流随着多孔层厚度的增加先增大后减小。如前所述,O_2 的逸出需要克服多孔电极内部的阻力,电极厚度增加,逸出阻力也增加,气泡滞留在电极内部的机会增大，使电极的实际反应面积反而有所减小，即电极表面的有效使用率降低。这说明，从提高多孔电极的析氧活性的角度来说，电极的厚度并不是越厚越好，当超过一定的厚度之后，电极的析氧能力基本不能得到提高。对于孔径为 1.43 ~ 1.60 mm 的多孔阳极，多孔层厚度只需要 3 mm 即可。

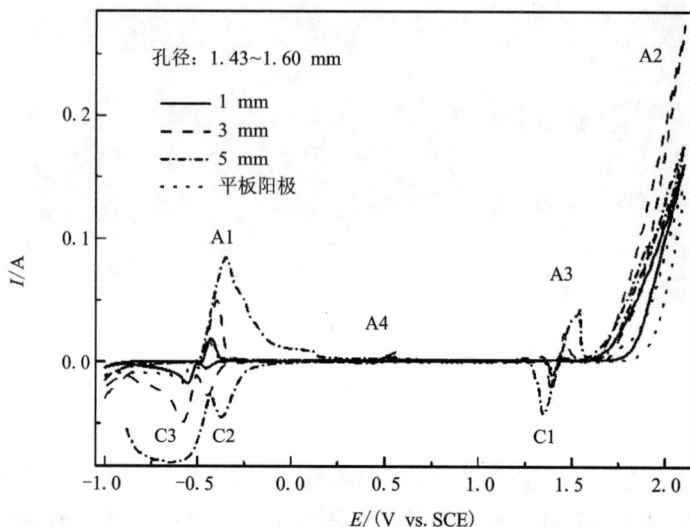

图 2 - 11　不同多孔层厚度多孔阳极的 CV 曲线

2.4.3　极化时间对多孔阳极 CV 特性的影响

将孔径为 1.43 ~ 1.60 mm，多孔层厚度为 3 mm 的多孔阳极在预处理后，先以 50 mA/cm^2 的电流密度分别极化 24 h、72 h、96 h 和 184 h，然后再进行 CV 测试，并与新鲜多孔电极的 CV 曲线对比，其结果如图 2 - 12 所示。从图中可以看出，各氧化还原峰随着极化时间的延长，峰电流和峰面积表现出了不同的变化趋势。

对于代表 Pb 向 PbSO$_4$ 氧化的 A1 峰，其峰电流随极化时间的延长而先增大后减小，在极化时间为 72 h 时达到极大值，到极化 184 h 时，A1 峰已经完全消失。这是由于在恒流极化过程中，一直发生着 PbSO$_4$ 向 PbO$_2$ 的转化。由于该过程是一个体积缩小的过程，在极化时间较短时，PbO$_2$ 的生成反倒使氧化膜的致密性受到了破坏。且随极化时间的延长，破坏程度更严重，使正向扫描时 Pb/PbSO$_4$ 的氧化峰增加。再加上 PbO$_2$ 为一种强氧化剂，在 H$_2$SO$_4$ 溶液中可与 Pb 发生归中反应生成 PbSO$_4$，也促进了 A1 峰峰电流的增加。随着极化时间的延长，氧化膜的成分逐渐成为 PbO$_2$，且裂纹也得到了一定的修补，PbO$_2$ 膜的致密性和稳定性增加，电解液的渗透性减小，峰电流也随之减小。当膜层完全稳定时，电解液已无法渗入，基底与电解液完全隔绝，A1 峰消失。同时，在实验中也发现，对于传统平板阳极，A1 峰消失需要的极化时间较多孔阳极时间短，这是由于多孔阳极的边角对阳极氧化膜的致密性产生了不利影响。

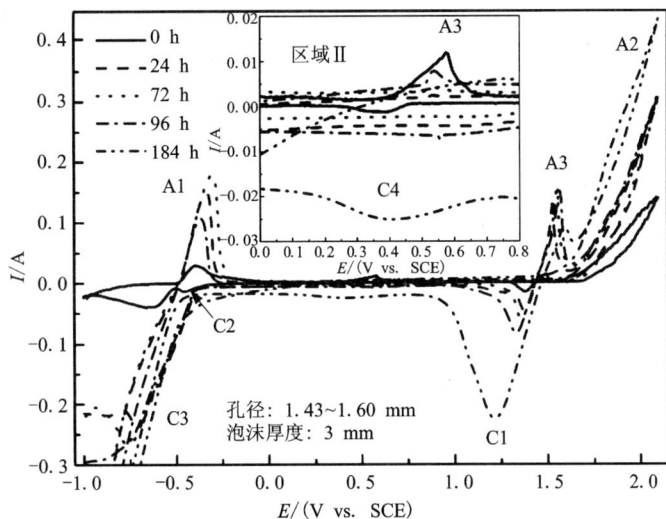

图 2-12　不同极化时间后多孔阳极的 CV 曲线

A2 峰同时发生了 PbO_2 的生成及 O_2 的析出，从图中可以看出，随着极化时间的延长，响应电流增加，且正、负向扫描曲线趋向重合。从前面的讨论可知，负向扫描时，新鲜电极表面的膜层由于 $PbSO_4$ 向 PbO_2 的转变而变得疏松、多孔，从而使负向扫描时的析氧电流较正向扫描时大得多。随着极化时间的延长，A2 峰曲线趋向重合，说明膜层中 $PbSO_4$ 的量在减少，如前所述，电极表面氧化膜的组成逐渐变成单一的 PbO_2。PbO_2 的导电性好，表面疏松、多孔且析氧电催化能力相对较高，这些可降低阳极的膜层阻抗、增加电极比表面积和析氧活性，使析氧电流增大。从图中可以看到，经过一定时间极化后，C2 峰消失，C1 峰和 C3 峰增大，这是膜层组分变单一的直接证据。

A3 峰是阳极负向扫描时出现的氧化峰，其表征了电极表面氧化膜的致密性。与极化一段时间后的 A1 峰的成因相同，故其峰电流也随着极化时间的延长先增大后减小。

A4 峰代表铅合金中的 Ag 氧化生成 Ag_2SO_4，从图中可以看出，随着时间的延长，峰逐渐变小乃至消失。与 $PbSO_4$ 的生成峰一样，A4 峰的形成条件是基底需要与电解液接触，而外层致密的氧化膜有力地防止了电解液的渗透，使峰电流变小。另外，与 A1 峰不同的是，基底的反应厚度有限，电极表层 Ag 元素在极化过程中被逐渐消耗，含量慢慢变小，故其峰电流没有一个随极化时间延长而增大的过程。

图 2-13 给出了极化 72 h 后孔径分别为 0.6~0.8 mm、1.0~1.25 mm 和 1.43~1.60 mm 的多孔阳极以及传统平板阳极的 CV 曲线。从图中可以看出，与新鲜多孔阳极表面相比，A1 峰的峰面积和峰电流随孔径变化的趋势刚好相反，即随着孔径的增大而增大。这是由于经过 72 h 的极化之后，电极表面生成了一层致密的 PbO_2 膜，膜层的摩尔体积较 Pb（18 cm^3/mol）大，体积发生膨胀。因此，多孔电极的孔壁厚度增加，孔径减小，孔与孔之间的通孔度减小。一方面，孔径和通孔度的减小使 SO_4^{2-} 向电极内部的渗透阻力增大，从而增加了浓差极化；另一方面，孔径的减小，减小了多孔阳极的表面积。再加上孔径较小时，孔内壁的曲率较大，膜层之间的内应力指向孔壁，挤压严重，致密度大，SO_4^{2-} 难以通过膜层渗入基底。而传统平板阳极由于表面平整，内应力大部分与基底平行，膜层的致密度没有多孔阳极高，且容易开裂，使 A1 峰的峰电流较大。

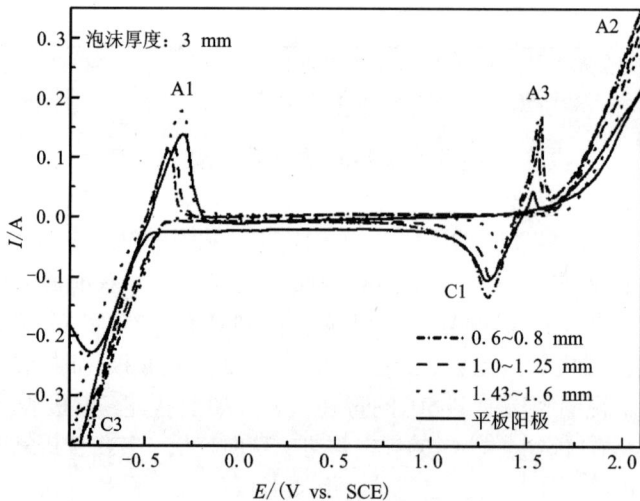

图 2-13 极化 72 h 后不同孔径多孔阳极的 CV 曲线

图 2-14 显示了孔径为 1.43~1.60 mm，多孔层厚度分别为 1 mm、3 mm 和 5 mm 的多孔阳极在极化 72 h 后的 CV 曲线。从图中可以看出，随着多孔层厚度的增加，各峰电流均有所增加，但在厚度大于 3 mm 后，增加幅度变小。这进一步证实了前面多孔层厚度对 O_2 逸出阻力及溶液传质影响的推论。

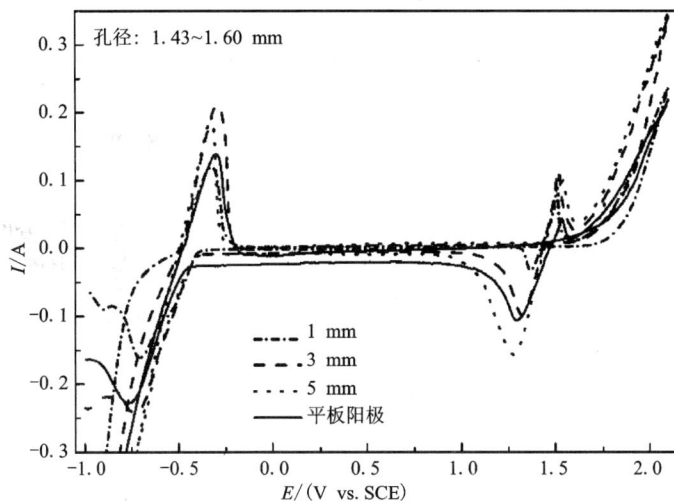

图 2 - 14　极化 72 h 后不同多孔层厚度多孔阳极的 CV 曲线

2.5　多孔铅合金阳极的 CP 特性

将不同孔径的多孔阳极在 160 g/L 的 H_2SO_4 溶液中以 50 mA/cm^2 的电流密度极化 30 min，使电极表面生成一层氧化膜，极化过程的 CP 曲线如图 2 - 15 所示。从图中可以看出，多孔阳极和传统平板阳极的极化曲线形状基本相同，电极电位在 -0.4 V 左右恒定一段时间后，突然急剧上升到 2.0 V 以上，然后直线下降至一个谷值后又稍有回升并逐渐平稳。

根据 CV 曲线的结果可知，-0.4 V 左右为 Pb 氧化为 $PbSO_4$ 的反应平台，当电极表面被 $PbSO_4$ 全部覆盖后，电极表面钝化，电位急剧上升，直至达到 $PbSO_4$/PbO_2 的反应电位。由于多孔阳极的表面积较传统平板阳极大，需要更多的 $PbSO_4$才能将电极表面完全覆盖并钝化。在恒定的电流密度下，$PbSO_4$ 的生成速度一定，故多孔阳极的 $PbSO_4$ 反应平台明显，且平台长度随孔径的减小而变长。当电极电位到达一定值后，PbO_2 开始大量成核，由于结晶所需的能量较成核能量低，电极电位又开始迅速下降，同时 O_2 开始在 PbO_2 上析出，电极电位受 PbO_2 的生成电位和 O_2 的析出电位共同影响，且前者较后者低。随着时间的延长，PbO_2 的生成电流逐渐变小，O_2 的析出电流占主导地位，电极电位在稍微上升后趋向平稳。从图中可以看出，多孔阳极由于边角以及铸造缺陷较多，降低了 PbO_2 的成核能，使电极电位到达的最高点及其后下降的幅度均较传统平板阳极小。

成膜 30 min 后，立即施加 -5 mA/cm^2 的电流对氧化膜层进行还原，其结果如

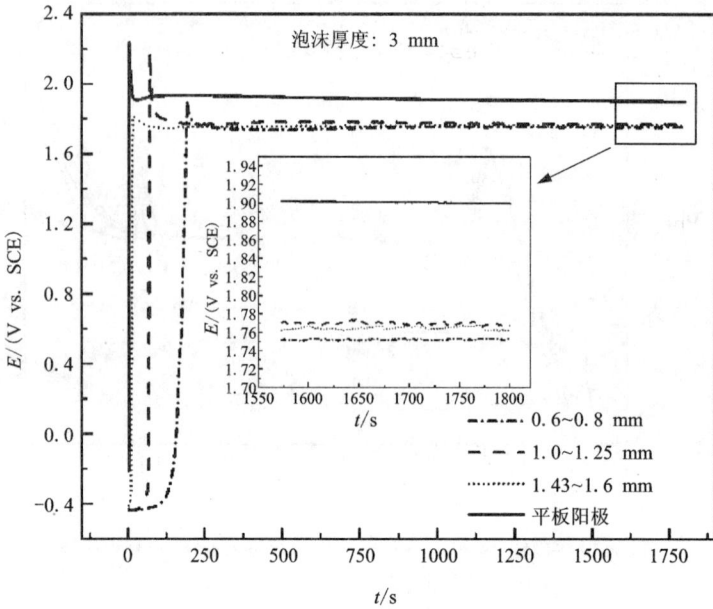

图 2 – 15   不同孔径多孔阳极的成膜过程的 CP 曲线

图 2 – 16 所示。从图中可以看出，除了 PbO_2/ $PbSO_4$ 和 $PbSO_4$/Pb 的还原平台外，CP 曲线上还多了一段表征 PbO 和 $PbO \cdot PbSO_4$ 向 Pb 还原的斜线，这在图 2 – 15 中没有明显体现。从阳极的 CV 曲线可知，PbO 和 $PbO \cdot PbSO_4$ 的生成电位与 $PbSO_4$ 的生成电位相近，在 CV 曲线中以 $PbSO_4$ 生成峰的肩峰形式出现。只有在负向扫描时，两者的还原峰才可区分（C2 和 C3 峰），与 CP 曲线的表现一致。这说明，经过 30 min 的极化，电极表面氧化膜的主要组分应为 PbO_2、$PbSO_4$、PbO 和 $PbO \cdot PbSO_4$。在恒流极化过程中，多孔电极表面氧化膜的生成过程为：$Pb \rightarrow PbSO_4 (\rightarrow PbO$、$PbO \cdot PbSO_4) \rightarrow PbO_2$，与传统平板阳极相同。

计算各组分的还原电量，其结果如表 2 – 5 所示。总体说来，多孔阳极中各组分的总量均较传统平板阳极多，这是多孔阳极表面积大的缘故。对比多孔阳极和传统平板阳极氧化膜各组分的百分含量，可以看出多孔结构改变了各组分的相对含量。其中 PbO_2 的百分含量为传统平板阳极的 2 ~ 3 倍，PbO 和 $PbO \cdot PbSO_4$ 的百分含量为传统平板阳极的 1.5 ~ 2 倍，而 $PbSO_4$ 的百分含量只有传统平板阳极的 85% 左右。由前面的论述可知，在极化初期生成的 $PbSO_4$ 膜为一种半透过膜，只有 H^+、OH^- 和 H_2O 可自由渗透，SO_4^{2-} 这种大分子不能进入膜层内部。随着膜层致密性的增加，SO_4^{2-} 的透过性越来越难，成膜层内部微环境的 pH 不断增大，碱性环境造成了 PbO 和 $PbO \cdot PbSO_4$ 的生成。其中，$PbO \cdot PbSO_4$ 的生成需要消耗

SO_4^{2-}，而多孔阳极边角部分可为 SO_4^{2-} 向膜内部传输提供通道，从而促进了 $PbO \cdot PbSO_4$ 的生成。但 PbO 的导电性差，会增加膜层的阻抗，从而增加阳极电位，在测试的三种多孔电极中，孔径为 1.0~1.25 mm 的多孔阳极中 PbO 和 $PbO \cdot PbSO_4$ 的相对含量最大，这就是为什么图 2-15 中孔径为 1.43~1.60 mm 的多孔阳极的阳极电位反倒较孔径为 1.0~1.25 mm 的多孔阳极电位稍低的原因之一。同时，内部 PbO 和 $PbO \cdot PbSO_4$ 增多，有利于降低 PbO_2 的生成电位，使膜层中 PbO_2 的相对含量升高。

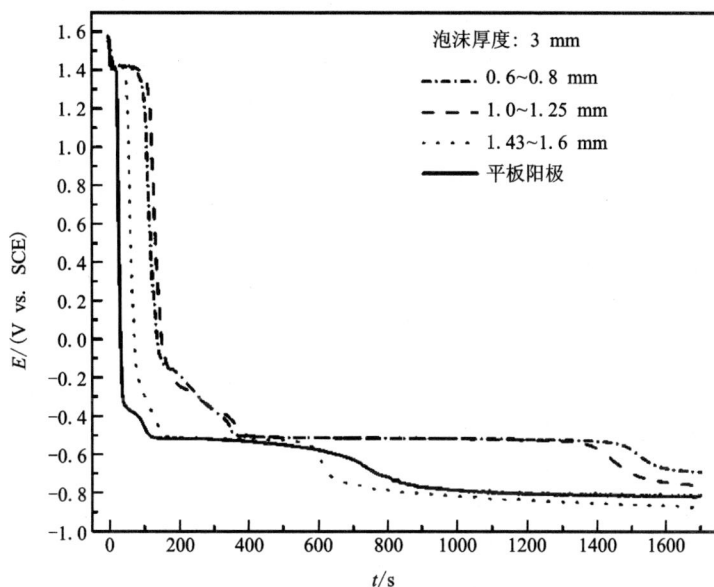

图 2-16　不同孔径多孔阳极极化 30 min 后的 CP 曲线

表 2-5　不同孔径多孔阳极表面氧化膜各组分的还原电量

阳极孔径 /mm	PbO_2		PbO 和 $PbO \cdot PbSO_4$		$PbSO_4$		总电量 /C
	电量/C	百分比/%	电量/C	百分比/%	电量/C	百分比/%	
0.6~0.8	0.541	7.7	1.189	17.0	5.279	75.3	7.009
1.0~1.25	0.577	8.8	1.243	18.8	4.774	72.4	6.594
1.43~1.60	0.270	9.8	0.396	14.4	2.090	75.8	2.756
平板阳极	0.126	3.2	0.360	9.2	3.441	87.6	3.927

2.6 多孔铅合金阳极的 Tafel 特性

酸性体系下通过水分解而发生析氧反应的方程式如下：

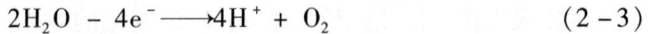

$$2H_2O - 4e^- \longrightarrow 4H^+ + O_2 \tag{2-3}$$

金属氧化物电极表面的析氧反应机理可用以下反应步骤进行描述[165,166]：

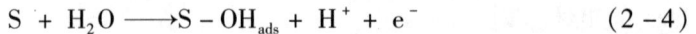

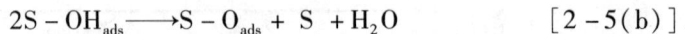

$$S + H_2O \longrightarrow S-OH_{ads} + H^+ + e^- \tag{2-4}$$

$$S-OH_{ads} \longrightarrow S-O_{ads} + H^+ + e^- \tag{2-5(a)}$$

$$2S-OH_{ads} \longrightarrow S-O_{ads} + S + H_2O \tag{2-5(b)}$$

$$S-O_{ads} \longrightarrow S + 1/2O_2 \tag{2-6}$$

其中：S 代表氧化物表面的反应活性点，$S-OH_{ads}$ 和 $S-O_{ads}$ 是中间吸附产物。步骤[2-5(a)]一般被认为是在致密表面发生，而[2-5(b)]主要在非致密表面发生。尽管大量文献指出析氧反应的 Tafel 斜率取决于很多因素，如氧化物类型、组成以及物相，我们仍然可以大概总结出当 Tafel 斜率 b 大于 0.120 V/dec. 时，析氧反应受步骤(2-4)控制；当 b 接近 0.040 V/dec. 时，速率控制步骤为式(2-5)；当 b 接近 0.015 V/dec. 时，速率控制步骤为式(2-6)。

电极的阳极电位与过电位存在如下关系：

$$E = E^0 + \eta \tag{2-7}$$

式中：E 为多孔阳极的阳极电位，V；E^0 为平衡电极电位，V；η 为析氧过电位，V。由 Nernst 方程可得反应式(2-3)在 160 g/L H_2SO_4 溶液中的平衡电极电位为：

$$E^0 = E^\ominus + \frac{RT}{nF}\ln\left(a_{[H^+]}^4 \cdot \frac{P_{O_2}}{P_0}\right) = 1.250 \ (V) \tag{2-8}$$

式中：$E^\ominus$ 为析氧过程的标准电极电位，为 1.229 V。故电极表面析氧过程的 Tafel 公式可变换为：

$$E = 1.250 + a + b\lg i \tag{2-9}$$

式中：a、b 为 Tafel 参数，V/dec.；i 为电流密度，A/cm^2。

测试各阳极恒流极化 30 min 后的 Tafel 曲线，其结果如图 2-17 所示。从图中可以看出，各阳极的 Tafel 线性区明显，说明铅合金阳极表面的析氧过程是一个典型的电化学极化过程。根据式(2-9)计算各阳极的 Tafel 参数，其结果如表 2-6 所示。从表中可以看出，两类阳极的 Tafel 曲线的斜率均大于 0.120 V/dec.，说明多孔结构没有改变铅合金阳极的析氧过程，均受到中间产物 $S-OH_{ads}$ 的生成和吸附控制。

从图 2-17 和表 2-6 还可以看出，多孔阳极的 Tafel 曲线较传统平板阳极明显正移，其 Tafel 参数 a 值较平板阳极小，这说明多孔阳极更有利于析氧反应的进

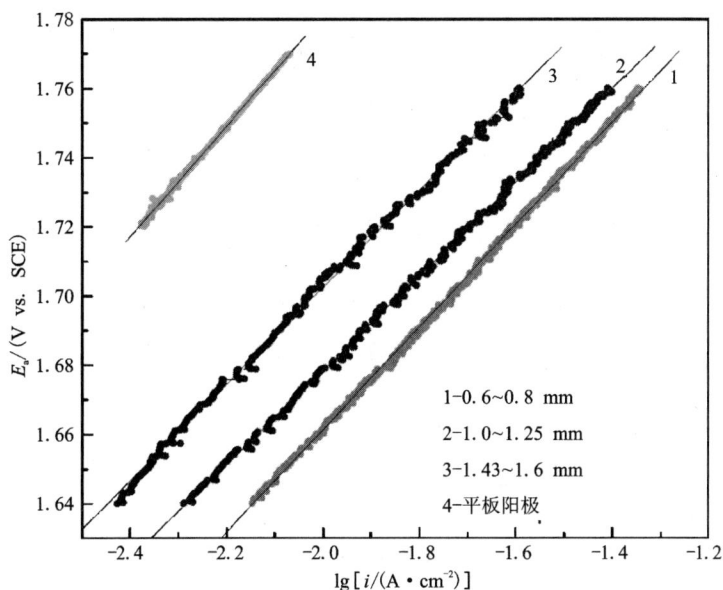

图 2 - 17　极化 30 min 后不同孔径多孔阳极的 Tafel 曲线

行。将各阳极的 Tafel 参数代入式(2 - 9)计算在工业电流密度下(500 A/m²)各阳极的析氧电位可知,多孔阳极的析氧电位较传统平板阳极低 90 ~ 130 mV,这与报道的结果相符。

　　由于多孔阳极的电化学表面积较平板阳极大,分别计算了多孔阳极在去除掉实际表面积影响前后的交换电流密度,结果如表 2 - 6 所示。从表中可以看出,去除掉实际表面积的影响后,多孔阳极的交换电流电流密度反而较传统平板阳极稍小。这进一步验证了前面的推论,即多孔阳极内部弯曲的传输通道对 O_2 的析出不利。但由于多孔结构增加了电极表面积,多孔阳极析氧过程的表观交换电流密度较传统平板阳极大,析氧能力增强。

表 2 - 6　不同孔径多孔阳极的 Tafel 参数

孔径 /mm	a /(V·dec.$^{-1}$)	b /(V·dec.$^{-1}$)	i_0 /(A·cm^{-2}) 未除去面积影响	除去面积影响
0.6 ~ 0.8	0.708	0.148	1.65×10^{-5}	1.65×10^{-6}
1.0 ~ 1.25	0.701	0.136	7.01×10^{-6}	6.99×10^{-7}
1.43 ~ 1.60	0.733	0.140	5.81×10^{-6}	5.73×10^{-7}
平板阳极	0.853	0.160	4.66×10^{-6}	

对于电化学极化程度较大的阳极过程，电极表面的 Butler – Volmer 方程可表述为：

$$i = i_0 \exp(-anF\eta) \qquad (2-10)$$

式中：i_0 为交换电流密度，其满足以下表达式：

$$i_0 = nKFC \qquad (2-11)$$

式中：K 为电化学反应速度常数，具有 Arrhenius 形式：

$$K = A\exp\left(-\frac{E_a}{RT}\right) \qquad (2-12)$$

将式(2-11)和式(2-12)代入式(2-10)，并在两边取对数可得：

$$\lg i = \lg(nAFC) - anF\eta - 0.434\frac{E_a}{RT} \qquad (2-13)$$

式中：n 为析氧过程的电子转移数；a 为电子传递系数；F 为法拉第常数；C 为电极表面的反应物浓度；η 为阳极析氧过电位，E_a 为阳极的电化学反应活化能；R 为玻尔兹曼常数；T 为溶液的开尔文温度。当阳极电位一定时，η 为一定值，则式(2-13)可简化为：

$$\lg i = -0.434\frac{E_a}{RT} + \text{constant} \qquad (2-14)$$

从式中可以看出，将某一电位下的 $\lg i$ 对 T^{-1} 作图可得一直线，直线的斜率 (k) 为含有 E_a 的表达式，从而可得到电化学反应活化能为：

$$E_a = -2.30kR \qquad (2-15)$$

选择孔径为 1.43 ~ 1.60 mm，多孔层厚度为 3 mm 的多孔阳极，按图 2-3 所示测试其在不同温度下的 Tafel 曲线，其结果如图 2-18 所示。从图中可以看出，在更宽的电位范围内，多孔阳极和传统平板阳极都具有两个 Tafel 线性区。其中，在低阳极电位范围(1.675 ~ 1.800 V)，Tafel 斜率在 0.11 ~ 0.17 V/dec.，仍然为由中间产物 S – OH$_{\text{ads}}$ 的生成和吸附控制的析氧过程，而在高电极电位范围(1.800 ~ 1.900 V)，其 Tafel 斜率明显变大，达到了 0.3 V/dec. 左右，这是由于在高电位下，O_3 开始部分析出的结果[167]。

利用两种阳极的 Tafel 数据作出不同电位下的 $\lg i - T^{-1}$ 曲线，如图 2-19 所示。从图中可以看出，各电位下的 $\lg i - T^{-1}$ 曲线的线性拟合度较高，读取各直线的斜率，并按式(2-15)计算各电位下的电化学反应活化能，其结果如表 2-7 所示。从表中可以看出，多孔阳极的电化学反应活化能反而较传统平板阳极还高。

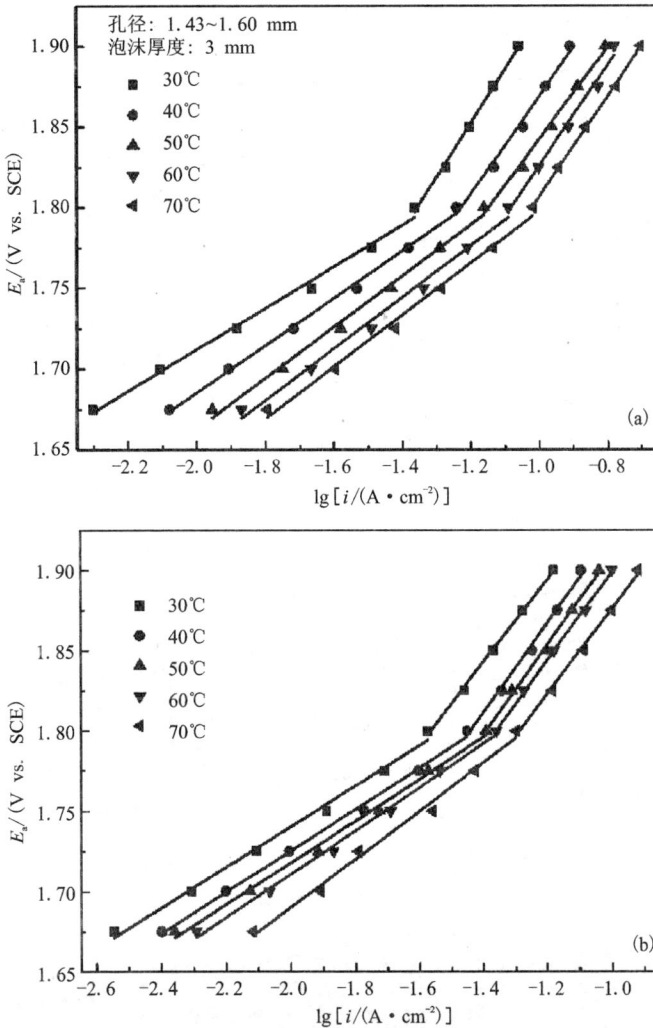

图 2-18　多孔阳极和传统平板阳极在不同温度下的 Tafel 曲线

(a)多孔阳极；(b)平板阳极

表 2-7　各阳极在不同电位下的阳极反应活化能(kJ/mol)

电位/(V vs. SCE)	1.700	1.725	1.750	1.775	1.800	1.825	1.850	1.875	1.900
平板阳极	17.7	16.0	15.1	13.4	12.6	12.6	12.7	12.4	12.2
多孔阳极	23.9	21.8	21.9	18.0	16.5	16.3	16.6	16.9	16.8

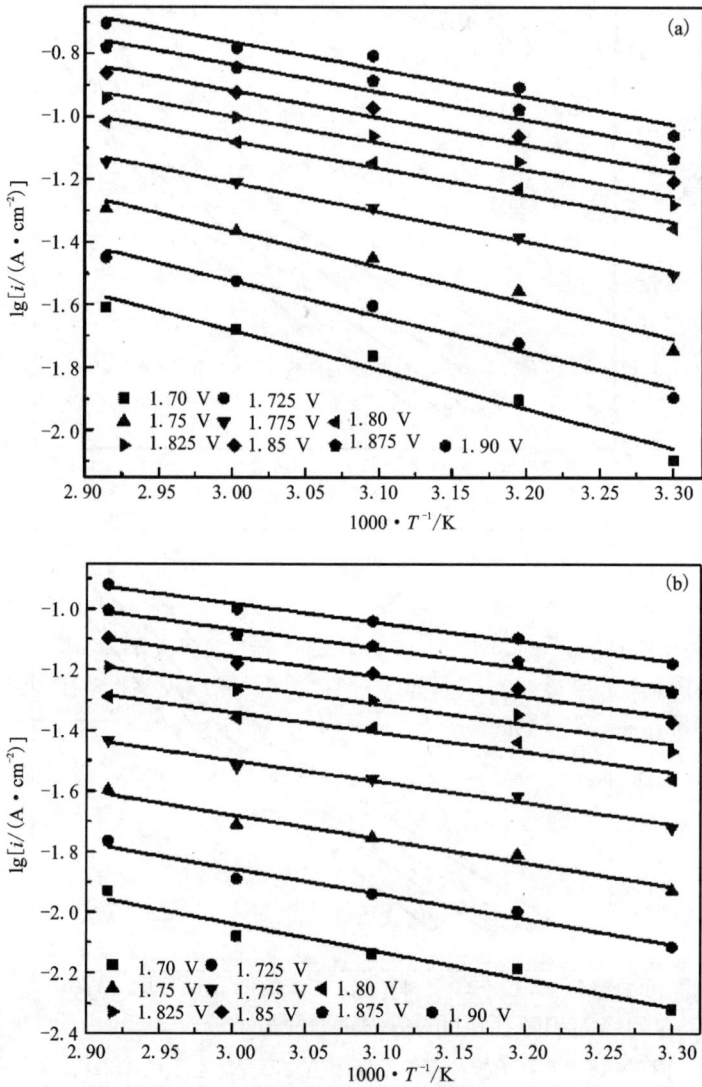

图 2-19 铅合金阳极的 Arrehnius 图

(a)多孔阳极；(b)平板阳极

综合以上数据,可以进行如下推论:多孔阳极没有改变阳极的析氧历程和电化学控制步骤。本章所测得的活化能为铅合金阳极以析氧反应为主反应的表观电化学反应活化能。由于阳极为一个析气过程,多孔阳极内部的气泡容易被孔壁挂附而积聚,对 O_2 的逸出不利。阳极气泡只有在具有比传统平板阳极更大的内压和体积下才能从电极内部挤出，需要消耗一定的逸出功，这造成了多孔阳极的电化学反应活化能反倒较传统平板阳极高。但是，多孔阳极具有比传统平板阳极大得多的表面积，可为析氧反应提供更多的电化学反应活性中心，从而大大提高了单位体积阳极的反应能力，使相同电压下的反应电流增大。

2.7　本章小结

（1）采用电位阶跃法获得了铅合金多孔阳极的电化学表面积，其表面积随孔径的减小和多孔层厚度的增加而略有增大，平均为传统平板阳极的 10 倍左右。

（2）由于多孔阳极是一种双连续三维电极，电极内部的传质与传荷平行进行，其电化学反应强度从外到内依次减小。再加上在实际应用过程中，铅合金阳极表面主要发生析氧反应，电极内部生成的 O_2 需要克服一定的阻力才能逸出，其表观电化学反应活化能较传统平板阳极高。这种特殊的传质、传荷过程，使多孔阳极的电化反应表现出具有"特征深度"的特点（即电化学反应主要集中在从电极表面至此深度范围内），在孔径为 1.43 ~ 1.60 mm 时，多孔阳极特征深度为 3 mm。

（3）多孔结构没有改变铅合金阳极表面氧化膜的形成过程，与传统平板阳极一样，电极表面氧化膜按照 $Pb \rightarrow PbSO_4$（$\rightarrow PbO$、$PbO \cdot PbSO_4$）$\rightarrow PbO_2$ 的顺序生成，表面氧化膜的主要成分包括 PbO_2、$PbSO_4$、PbO 和 $PbO \cdot PbSO_4$。多孔阳极特殊的孔结构改变了恒流极化 30 min 后表面氧化膜各组分的相对含量，其中 PbO_2 的摩尔分数为传统平板阳极的 2 ~ 3 倍，PbO 和 $PbO \cdot PbSO_4$ 的摩尔分数为传统平板阳极的 1.5 ~ 2 倍，而 $PbSO_4$ 的摩尔分数只有传统平板阳极的 85% 左右。

（4）多孔阳极孔内壁结构使阳极表面生成的氧化膜的内应力指向基底，可防止氧化膜由于体积的变化和互相挤压而产生裂纹，有利于提高阳极的耐腐蚀能力。但多孔阳极中存在的大量边角是氧化膜的薄弱环节，影响膜层的整体致密性。在极化时间较短，电极表面膜层未完全致密时，由于边角结构的影响使 CV 曲线中的 A3 峰的峰面积随孔径的减小而增大，A1 和 A3 峰随极化时间的延长先增大后减小。

（5）多孔结构没有改变阳极表面的析氧过程，与传统平板阳极一样，电极表面的析氧过程均受到中间产物 $S - OH_{ads}$ 的生成和吸附控制。但由于增加了电极表面积，多孔阳极析氧过程的表观交换电流密度较传统平板阳极大，析氧能力增强。

第3章 "反三明治"结构复合多孔铅合金阳极的制备与性能

3.1 引言

  Pb-Ag多孔阳极由于能够在不影响阴极电流效率的前提下降低阳极实际电流密度,从而降低阳极电位和槽电压,表现出很好的节能降耗潜力。另外,多孔阳极还具有其他优势:①降低阳极腐蚀率,提高阴极锌的质量;②减少 Mn^{2+} 的贫化,从而减少掏槽次数;③减轻阳极重量,从而减少金属 Pb 和 Ag 投入成本和降低劳动强度。作为一种功能材料,其优异的电化学功能特性引起了同行的广泛关注[168]。但其较差的导电性能和力学性能成为其实现工业应用的瓶颈。因此,需要对该类阳极进行重新审视,重新设计其功能与结构,开发新型复合结构的多孔阳极。

  从第1章可知,目前研究最广泛的多孔铝的多功能设计,就是在多孔铝表面加上一金属外壳,形成一种"三明治"结构,以其综合致密体和多孔体的优势,从而弥补多孔铝的缺陷或增强其性能。这种设计虽然稍微增加了多孔金属的重量,但其单位质量性能却得到了提升,是促进多孔金属材料走向实际应用的理想方法。

  受此启发,本章致力于设计开发具有良好综合性能的复合多孔铅合金阳极(composite porous anode, CPA),基本理念就是在多孔铅中加入实体金属芯板,其中实体金属起传导电流和承载负荷的作用,多孔金属继续发挥其电化学特性,使复合多孔阳极同时具有良好的导电性能、力学性能和电化学性能。

3.2 研究过程

3.2.1 复合多孔阳极的反重力渗流法制备

  为了实现多孔铅合金阳极的多功能化,设计了"反三明治"结构和框架式结构复合多孔阳极,如图3-1所示。所谓的"反三明治"结构,就是以金属板为芯,两侧复合多孔铅及其合金层的夹心 h 结构,由于与常见的以多孔铅为芯的"三明治"结构相反而得名。框架式结构,就是牺牲多孔阳极一部分比表面积,在阳极内植入厚度与阳极相同的致密金属框架。为了便于表述,本章以"反三明治"结构复合阳极为对象进行阐述。由于阳极工作在高酸、高极化的状态,并且不可避免地会以一定的速度腐蚀,故要求复合多孔阳极的制备过程尽量杜绝产生铸造缺陷,致密金属与多孔铅必须完全融合,没有裂缝。否则,电极将会在缺陷处优先腐蚀,带来阳极过早失效、阴极产品品质不高的后果。

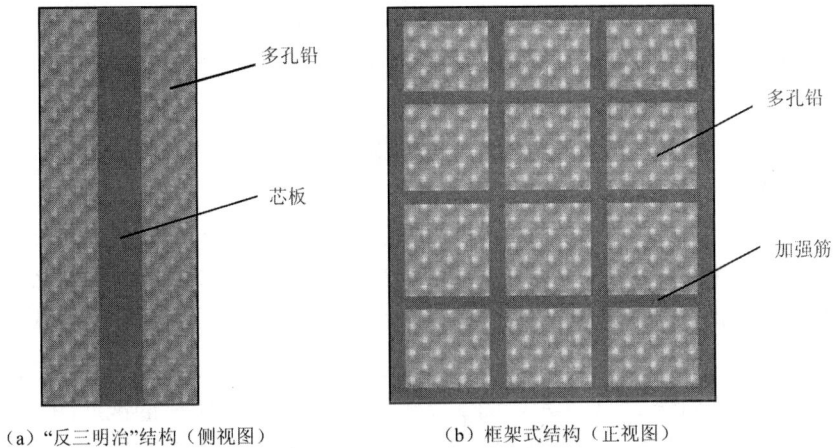

（a）"反三明治"结构（侧视图）　　　（b）框架式结构（正视图）

图 3-1　复合多孔阳极的多功能结构设计

需要特别注意的是,在两种复合多孔阳极的设计中,多孔铅及其合金的孔结构均为通孔。但从第 1 章可知,多孔铝的多功能化,其研究对象的孔结构主要为闭孔,尤其是采用原位结合技术制备的夹心 h 结构,由于所采用的制备方法的限制,不能够制备通孔结构的多孔金属。对于通孔金属,常采用的铸造方法为渗流铸造法,在此基础上开发的反重力渗流铸造法[27],虽然解决了传统渗流法渗流长度不够、铸造缺陷多的问题,是一种比较理想的铸造通孔泡沫金属的方法,但也未有制备复合结构多孔金属的报道。

本章结合夹心 h 结构多孔铅整体发泡成型技术和通孔金属材料反重力渗流铸造法的优势,开发了复合多孔阳极材料的"反重力渗流法预成型半整体发泡"技术。技术的关键就是在整个渗流过程中,不让填料粒子占据致密金属在复合材料的相应位置。即,在渗流之前,将一定形状致密金属与填料粒子预先装入渗流室,然后加热至铅合金的熔点附近,形成复合多孔阳极的发泡预制体。当高温熔体通过升液管从渗流室底部压入渗流室时,熔体与致密金属发生热交换,使其表层发生部分熔化或全部熔化,并与压入的熔体混合、凝固成一个整体。整个过程既要保证熔体有足够的渗流长度，多孔层与致密金属板结合良好，又要能最大限度地降低铸造过程的能耗，即降低熔体温度和渗流室预热温度。同时，为了不让填料粒子在渗流过程中发生移动，填料粒子表面在装填前涂有黏接剂，使得其在加热过程中可以逐渐黏接在一起，这是本技术能够成功的关键。

具体的制备步骤包括：

(1)筛分填料粒子，并与黏接剂混合；

(2)制备 Pb - Ag 芯板；

(3)将填料粒子与 Pb - Ag 芯板一起装入渗流室，其中芯板置于渗流室的中间；

(4)将装有填料粒子与芯板的渗流室预先加热至一定的温度；

(5)用压缩空气将 Pb - Ag 合金熔体沿升液管从底部压入渗流室；

(6)待渗流室中的合金冷凝后将有填料粒子的复合多孔材料取出；

(7)去除复合多孔材料中的填料粒子，获得所需的"反三明治"结构复合多孔 Pb - Ag 合金。

经过大量实验室探索实验之后，获得了复合多孔阳极的反重力渗流铸造工艺的最优控制条件，即渗流室预热温度为300℃，熔体温度为500℃，结晶压力为0.06 MPa。在此最优条件下，制备出了 6 种具有不同孔径的复合多孔阳极材料，其孔径分布具体如表3 - 1所示。图3 - 2为所得复合多孔阳极的截面图，从图中可以看出多孔层能与芯板紧密融合，没有界面，实现了整体成型。

表3 - 1 复合多孔阳极

阳极编号	CPA - 1	CPA - 2	CPA - 3	CPA - 4	CPA - 5	CPA - 6
孔径范围/mm	0.60~0.80	0.80~1.00	1.00~1.25	1.25~1.43	1.43~1.60	1.60~2.00

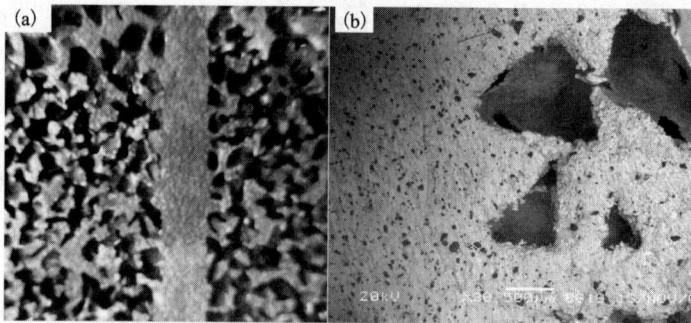

图3 - 2 复合多孔阳极的表观形貌(a)和 SEM 图(b)

3.2.2 复合多孔阳极的计算机仿真

对于一种电化学反应电极,其表面电势及电流密度的分布将影响电极电化学性能的发挥。一种理想的电化学反应电极,其表面的电势及电流分布均匀,从而使电极电阻电压降低,各处的电化学反应速度相同。但实际上,由于电极本身电阻的存在,且电极表面总具有一定的粗糙度以及电极的边缘效应,使得电场和电力线总是呈不均匀分布。对于复合多孔阳极,由于其结构的各向异性,势必影响电极表面电势和电流的分布。而用计算机仿真技术,计算不同结构复合多孔阳极的电势分布及电极各处的电流分配,有利于减少测试成本、降低设计难度,可方便的筛选和优化复合多孔阳极的结构。

(1)物理模型

对于电场的计算方法,工程上常根据欧姆定律和电流守恒定律,依据静电场场强和标量电势的关系来求解出电场的电势和电流密度分布[169,170]。取锌电积槽的一个电解单元为研究对象,其截面示意图如图 3 – 3 所示,正中间为 Pb – Ag 阳极(975 mm × 620 mm × 6 mm),两边为与阳极平行且距离相等的铅阴极,阳极高度略小于阴极且阴阳极顶面处于同一水平,阴阳极之间则填充电解质。图中设置电极板的法向方向为 X 方向,竖直的重力方向为 Z 方向,Y 方向则垂直于 XZ 平面。各部分材料的组成及其电导率见表 3 – 2。对于多孔金属,为了简化计算,将其当做各向同性的具有特定物性的致密材料来处理。

表 3 – 2 材料组成及电导率

材料	电导率/($S \cdot m^{-1}$)
致密 Pb – Ag 合金	4.8×10^6
多孔 Pb – Ag 合金	1.2×10^6
金属铅	3.77×10^7
H_2SO_4 – $ZnSO_4$ – H_2O 电解液	4.1×10^3

根据电解过程的工艺参数,采用的边界条件为:①在阳极顶部施加电流强度为 600 A 的电流,保证阳极表面的平均电流密度为 500 A/m^2;②设定阴极顶部为零电势面,详见图 3 – 3。

(2)数学模型

电场分布的仿真可采用多种数值计算方法,如有限差分法、有限元法、电荷模拟法和表面电荷法等,其中有限元法的使用最为广泛。考虑到迭代求解的时间步长较短,可认为锌电积槽的电场场量与时间无关,故可用 Laplace 微分方程来

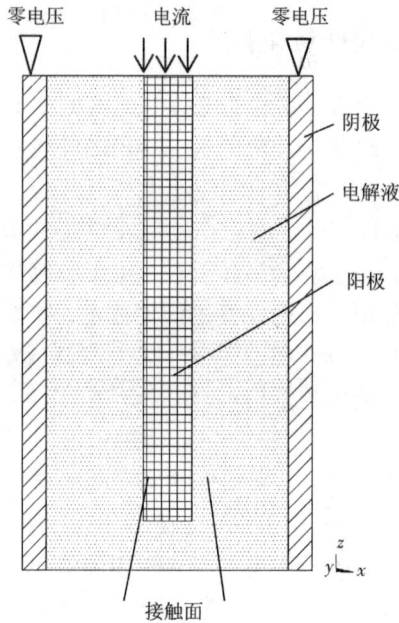

零电压　　电流　　零电压

阴极

电解液

阳极

接触面

图3-3　模型示意图和边界条件

描述:

$$\sigma_x \frac{\partial^2 U}{\partial x^2} + \sigma_y \frac{\partial^2 U}{\partial y^2} + \sigma_z \frac{\partial^2 U}{\partial z^2} = 0 \qquad (3-1)$$

同时满足电流守恒定律:

$$\sum U = \sum I \cdot R \qquad (3-2)$$

式中: U 为标量电势, V; I 为电流, A; R 为电阻, Ω; σ 为电导率, S/m。

工程计算中常使用矩量法(The method of moments, MOM)来将待求的积分问题转换为矩阵方程以利于计算机求解[171]。对电位方程插值后用加权余量法(The method of Weighted Residuals)处理积分方程为:

$$\iiint_U W_l \left(\sigma_x \frac{\partial^2 \tilde{U}}{\partial x^2} + \sigma_y \frac{\partial^2 \tilde{U}}{\partial y^2} + \sigma_z \frac{\partial^2 \tilde{U}}{\partial z^2} \right) dxdydz = 0, \ l = 1,2,\cdots,n \quad (3-3)$$

式中: $\tilde{U}$ 为电位在三维电场定义域中的插值; W_l 为权函数, 采用伽辽金法选取权函数得:

$$W_l = \frac{\partial^2 \tilde{U}}{\partial U_l}, \ l=1,2,\cdots,n \qquad (3-4)$$

利用高斯公式联系计算域中的体积分和边界上的曲面积分, 并将式(3-3)改写为:

$$\frac{\partial J}{\partial U_l} = \iiint_U \left(\sigma_x \frac{\partial W_l}{\partial x} \frac{\partial U}{\partial x} + \sigma_y \frac{\partial W_l}{\partial y} \frac{\partial U}{\partial y} + \sigma_z \frac{\partial W_l}{\partial z} \frac{\partial U}{\partial z} \right) \mathrm{d}x\mathrm{d}y\mathrm{d}z -$$

$$\oint_\Sigma \left[W_l \left(\sigma_x \frac{\partial U}{\partial x} \cos\alpha + \sigma_y \frac{\partial U}{\partial y} \cos\beta + \sigma_z \frac{\partial U}{\partial z} \cos\gamma \right) \right] \mathrm{d}S = 0, \ l = 1, 2, \cdots, n$$

$$(3-5)$$

对计算域划分网格后引入边界条件,先在每一个局部的网格单元汇总进行计算,后合成为总体方程:

$$\frac{\partial J}{\partial U_l} = \sum_{e=1}^{E} \frac{\partial J^e}{\partial U_l} = 0, \ l = 1, 2, \cdots, n \qquad (3-6)$$

式中:E 和 n 分别为有限元网格中单元和节点的数目。最后得到矩阵形式表示如下:

$$[k]^e \cdot \{U_l\}^e = [f_p]^e \qquad (3-7)$$

式中:$[k]$ 和 $[f_p]$ 分别为单元系数矩阵和单元右端项,对其通过迭代求解即可得到计算域内各点的标量电势 U,然后再分别求解出各点的电流密度和电场强度等。

(3)基于 ANSYS 的电场求解

使用大型有限元分析软件 ANSYS 12.0 对研究对象分别进行电场分布的计算。对整个计算域使用三维耦合场单元 Solid 5 划分网格,该单元为八节点六面体结构,可退化为六节点三棱柱,并设置其节点自由度为电势自由度。考虑到电解槽的宽度方向(图 3 - 3 中 X 方向)距离相对较小且是电流流经的主导方向,故对该方向的网格进行加密处理。

3.2.3 复合多孔阳极的实验室模拟试验

为了全面评价复合多孔阳极在实际使用过程中的应用特性,模拟锌电积现场控制条件,对采用优化后的工艺制备出的孔径为 1.6 ~ 2.0 mm 的 Pb – Ag(1.0%)多孔阳极以及"反三明治"结构复合多孔阳极进行锌电积的实验室模拟试验,并与传统平板阳极进行对比。试验所用阳极包尺寸为 100.0 mm × 80.0 mm × 8.0 mm,具体如图 3 - 4 所示。

所用电解试验装置的设备连接如图 3 - 5 所示,整个装置共有两个回路,即电流回路和电解液回路。电流回路中,每个槽内为一片阳极和两片阴极,其中阴极并联置于阳极两侧,电流从阳极进入,通过电解液分别进入两侧的阴极,最后汇集进入电源。电解液回路中,高位槽中的电解液通过流量计进入电解槽,电解槽进液采用下进上出式,以保证液面高度的稳定。从电解槽流出的电解废液在低位槽汇集,在调节好酸/锌比后,用泵打入高位槽继续循环。

试验工艺条件模拟工业正常生产条件,控制的主要工艺参数如下:

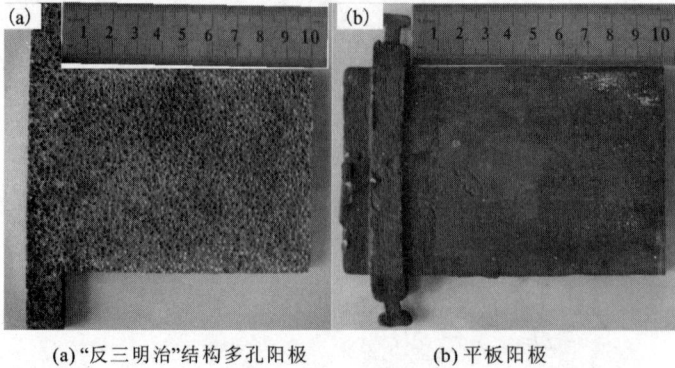

(a) "反三明治"结构多孔阳极   (b) 平板阳极

图 3 - 4　模拟试验用阳极外观

(1)电解液主要成分为:Zn^{2+} 60 g/L,H_2SO_4 160 g/L,Mn^{2+} 4 g/L;

(2)电解液流速用流量计控制为 1.45 L/h;

(3)考虑到电解液的循环利用以及实验室条件,本实验采取每 8 h 往低位槽里的电解后液重新加入经过计算的适量的硫酸锌和水,然后再注入高位槽,以控制电解前液和电解后液的酸锌比分别为 160/60 和 165/55 左右;

(4)电流密度为 500 A/m²,电解液温度为 35 ~ 38℃;

(5)剥锌周期为 24 h。

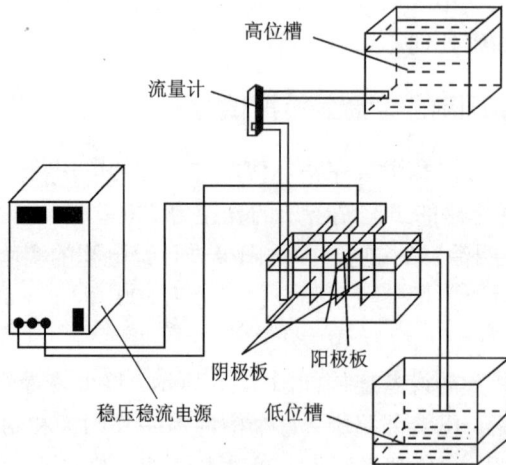

图 3 - 5　电解试验装置

在整个试验过程中,为了及时地反映阳极电位的变化,利用人工采集电解槽内的阳极电位,所得数据为相对于饱和甘汞电极的相对电位。同时,为了得到一个更直观更准确的结果,利用计算机每 2 min 记录一次槽电压。

在试验过程中,阴极电流效率的计算公式表示如下:

$$\eta = \frac{G}{q \cdot I \cdot t \cdot N} \times 100\% \qquad (3-8)$$

式中:G 为析出锌实际质量,g;I 为电流强度,A;q 为 Zn 电化当量,1.22 g/(A·h);t 为电积时间,h;N 为电积槽数。

每析出 1 t 阴极锌需要的电能消耗可按下式计算:

$$W = \frac{U \times N \times I \times t}{q \times \eta \times I \times N \times t} \times 1000 = 820 \times \frac{U}{\eta} \qquad (3-9)$$

式中:W 为电能单耗,kW·h/t – Zn;U 为槽电压,V。

3.2.4 性能测试

(1)电化学性能

Pb 基阳极最重要的电化学性能为恒流极化条件下的阳极电位和腐蚀率,其关系到湿法冶金电积过程的能耗、阳极寿命以及阴极产品品质。

将复合多孔材料线切割成测试面积为 10 mm × 10 mm 的电极,电极背面为致密金属板。测试电极的泡沫层的厚度为 1 mm、2 mm、3 mm、4 mm 和 5 mm,其他部分用环氧树脂密封。测试前,电极在经过碱性除油和酒精除油后,用去离子水清洗。

阳极电位通过恒流极化法测试,并模拟锌电积过程,极化电流密度采用 500 A/m²。整个过程在玻璃三电极体系中进行,参比电极为饱和甘汞电极,对电极为 Pt 电极。电解所用电解液为 $ZnSO_4(\rho_{Zn^{2+}} = 60 \text{ g/L}) – H_2SO_4(\rho_{H_2SO_4} = 160 \text{ g/L})$ 体系,且用分析纯试剂和去离子水配置。电解液体积为 250 mL,温度用水浴锅控制在 (37.0 ± 0.5) ℃。由于电解时间长,水分蒸发比较严重,引起电解液浓度变化较大,故采用橡胶塞对烧杯进行密封。利用万用表读取整个阳极极化过程的阳极电位,并与电脑连接自动记录数据,数据采集间隔为 1 min。

图 3 – 6 为典型的 Pb 基阳极在 50 mA/cm² 电流密度下的电位 – 时间曲线。从图中可以看出,阳极电位在极化初期变化较大,电位从一个极高值迅速减小。随着时间的延长,电位变化速度变缓,并逐渐趋向稳定。这是由于在极化初期,电极表面是新鲜的,没有氧化膜的存在。此时,析氧过电位很高。随着极化时间的延长,电极表面经历 Pb→PbO₂ 的变化,生成一层氧化物膜,并且其结构和成分逐渐稳定,电极由纯金属电极变为 Pb/PbO₂ 电极。PbO₂ 对阳极析氧有一定的催化能力,且其比表面积大,在一定程度上降低了析氧过电位,从而使整个阳极电位逐渐减小并最终达到稳定。由于工业上阳极长期(约 1 年)工作在此电流密度下,阳极表面氧化膜早已稳定。故对于不同结构的铅合金阳极,本章以稳定阳极电位作

为电化学特性的一个评价指标,其取值方法如图3-6所示。

利用元素平衡法来测试阳极腐蚀率[27],其基本原理是:从铅合金阳极上腐蚀下来的 Pb 只能进入电解液、阴极锌和阳极泥中。测试三者中的 Pb 含量或变化量,并通过下式计算获得阳极的腐蚀率:

$$C_{corr} = \frac{\Delta C_{Pb} \cdot V + w_s \cdot m_s + w_z m_z}{A \cdot t} \qquad (3-10)$$

式中:C_{corr}为阳极腐蚀率,$g/(m^2 \cdot h)$、ΔC_{Pb}为电解液中 Pb^{2+} 浓度的变化量,g/L;V 为电解液总体积,L;w_s、w_z 为阳极泥和阴极锌中的 Pb 含量,%;m_s、m_z 为阳极泥和阴极锌的总质量,g;A 为阳极的表观面积,m^2;t 为电解时间,h。在实验过程中,由于电解液为 $ZnSO_4(\rho_{Zn^{2+}} = 60\ g/L) - H_2SO_4(\rho_{H_2SO_4} = 160\ g/L)$ 体系,且对电极为 Pt 片,没有阳极泥和阴极锌的生成,故式(4-10)分子部分的第 2 项和第 3 项可省略,阳极的腐蚀率计算可简化为下式:

$$C_{corr} = \frac{\Delta C_{pb} \cdot V}{A \cdot t} \qquad (3-11)$$

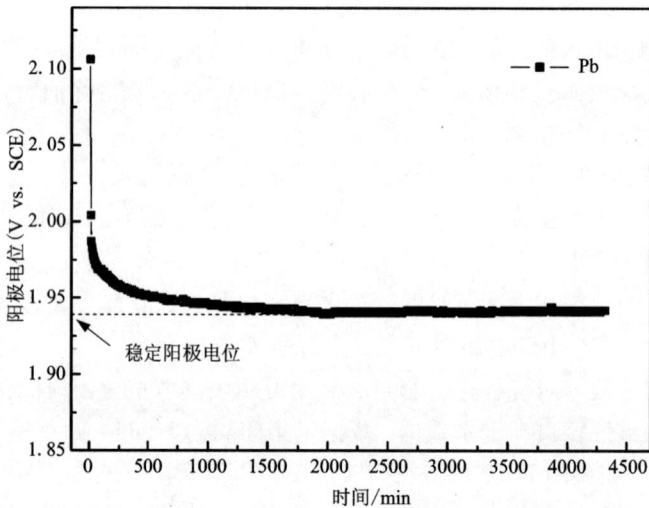

图 3-6 纯铅电极的恒流极化曲线

(2)力学性能

在电积工业中,阳极一直是竖直悬挂状态。由于 Pb 的密度大,自身质量大,使得在悬挂过程中易发生蠕变。一方面,合金的蠕变、变形将造成极板的翘曲,与阴极短接从而引起电流效率和电能效率的降低;另一方面,合金的蠕变将使极块缓慢下垂、延长,造成表面的钝化膜开裂,露出新鲜的金属基底,使阳极的腐蚀率升高。材料的拉伸性能是结构静强度设计的主要依据之一，可综合反应其弹性、强度、延伸率和韧性等力学性能指标。因此，阳极必须具有一定的抗拉强度，而较高抗拉强度是复合多孔阳极多功能设计的目标之一。

利用万能材料试验机(MTS810 型，美国 MTS 公司)测试复合多孔阳极的拉伸性能，加载速率为 0.5 mm/min。所测样品按 GB/T 228—2002 标准切割成扁平状拉伸样(图 3 - 7)，试样总长度为 135 mm，标距为 70 mm，厚度为 6 mm，且为"反三明治"结构，中心为不同厚度(分别 2 mm 和 3 mm)的芯板。由于金属铅比较软，在测试前样品的两端用树脂填充以增加其硬度。

图 3 - 8 为典型的铅合金的应力 - 应变曲线。拉伸曲线明显分为三个阶段:弹性阶段、塑性变形和硬化阶段以及破坏阶段。刚开始的线性部分为弹性阶段，直线的斜率被定义为杨氏模量，在此直线段，样品孔壁及边沿发生弹性伸展，所产生的变形为弹性变形，可恢复。塑性变形和硬化阶段在弹性阶段之后，曲线斜率逐渐减少，最后应力达到一个峰值，此值被定义为极限抗拉强度。第二阶段后，孔壁承荷达到极限，部分开始被破坏，使变形加快，应力也迅速下降直至整个样品断裂。本章以样品可承受的最大载荷——极限抗拉强度为其力学性能的考查指标。

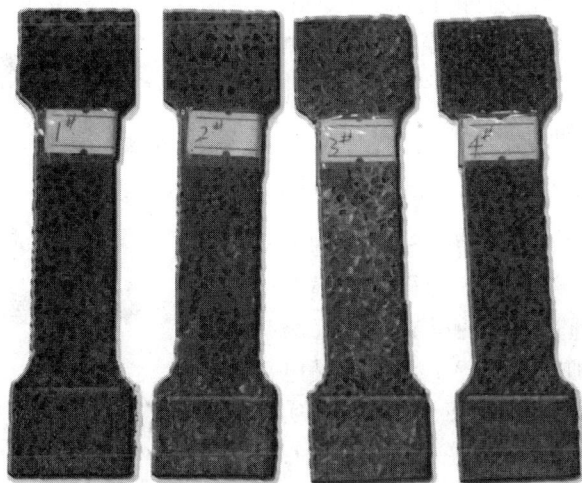

图 3 - 7 拉伸试样实物图片

(3)导电性能

能直观反应材料导电性能的参数为电导率。阳极的电导率高能降低阳极本身引起的电压降，从而降低槽电压和提高能量效率。另外，电导率还将影响阳极表面的电势和电流密度的分布，从而影响阳极电化学性能的发挥。因此，电导率是

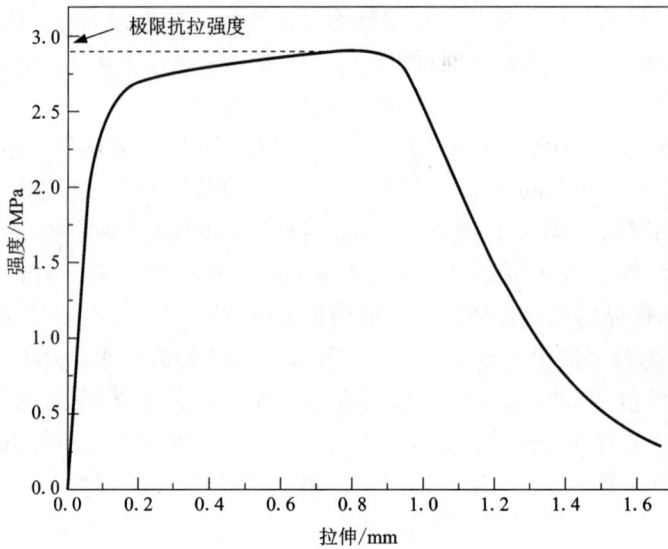

图 3-8 多孔 Pb-Ag 合金的拉伸曲线

铅合金阳极的另一个重要参考指标，也是复合多孔阳极功能化设计的指标之一。采用直流四端电极法对电导率进行测试[172,173]，测试原理如图 3-9 所示，并通过下式计算样品的电导率：

$$\sigma = \frac{l}{S} \cdot \frac{I}{U} = \frac{l}{S} \cdot \frac{1}{R} \quad (3-12)$$

式中：σ 为样品电导率，S/m；l 为电压探头之间的距离，m；S 为样品的横截面积，m^2；I 为通过样品的电流，A；U 为电压探头读取的电压值，V；R 为样品电阻，Ω。因此，在确定 l 和 S 的情况下，实质上只要测得 R 值即可。在测试过程中，为了增加电流分布的均匀性，测试样品两端与输电头之间夹有铜导电片，并以一定的压力与样品压实，以保证尽量形成面接触。

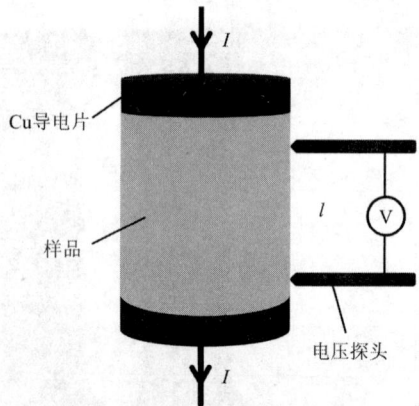

图 3-9 直流四端电极法示意图

将复合多孔材料线切割成尺寸为 $\phi20$ mm $\times 30$ mm 的圆筒状。鉴于复合多孔材料的各向异性，对每一种具有特定孔径的复合多孔材料，电导率测试样品分成 2 种，一种为致密金属板与样品的轴垂直，所得电导率用 $\sigma_\perp$ 表示，另一种为致密金属板与轴平行,所测得的电导率用 $\sigma_{/\!/}$ 表示。测量时,在直流电源的量程以内,给样品施加不同大小的电流,通过电压探头分别读取相应的电压值。为减少由于材料各向异性引起的测量误差,每个样品进行两次测量,且两次的测量方向相差 $90°$。在进行数据处理时,为减少仪器误差,将测试数据按电流从小到大排序,并将所有 (I, U) 数据与第 1 个数据相减,再利用作图法对 $I - U$ 曲线进行线性拟合,所得直线的斜率即为长度为 l,横截面积为 S 的样品的电阻值 R。

图 3 - 10 为其中某组数据的 $I - U$ 曲线及线性拟合图,从图中可以看出,经过以上处理,拟合直线通过 $(0, 0)$ 点,且线性程度高。

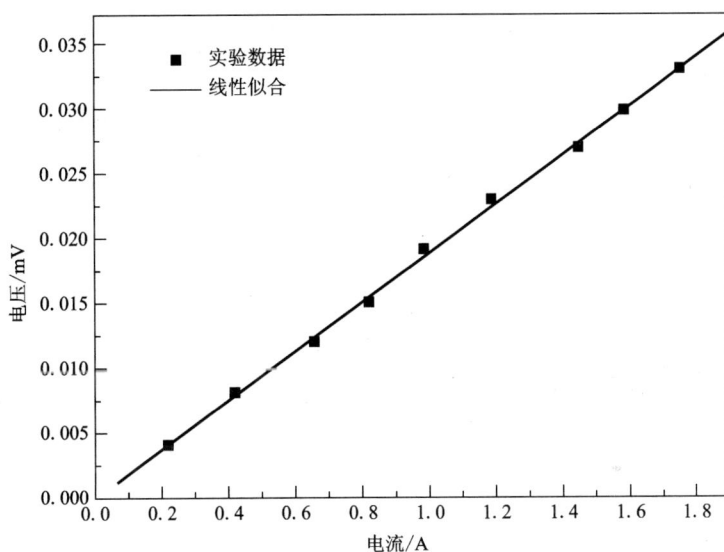

图 3 - 10　样品电阻的作图法求解

3.3　复合多孔阳极的力学性能

图 3 - 11 为传统平板阳极、多孔阳极和复合多孔阳极的拉伸曲线,三种测试样的外形尺寸完全一样,其中复合多孔阳极测试样为"反三明治"结构,芯板的厚度为 2 mm。从图中可以看出,与纯多孔阳极的拉伸曲线比较,复合多孔阳极的应力 - 应变曲线在第二阶段表现出了不一样的特性,即,出现了明显的平台,塑性变形和硬化阶段变长。在此阶段,对于致密金属材料,试样发生塑性变形,不同方向的滑移线产生交叉滑移,位错大量增殖,位错密度迅速增加,产生应变硬化效应。当达到最高点时,试样硬化与几何形状导致的软化达到平衡,试样最薄弱

的截面中心部分开始出现微孔洞，然后扩展连接成小裂纹，并随着拉伸的继续而断裂。对于纯多孔金属材料，此阶段时，孔棱的弹性弯曲作用已到极致，孔棱开始向拉伸轴发生不可逆旋转，并逐渐与拉伸轴平行。此时，多孔材料只能靠基体材料自身的塑性变形来进行进一步的应变，但大量内部缺陷的存在，阻碍了位错的滑移，使多孔金属材料延展性变差，表现为平台很短。对于复合多孔材料，致密金属与多孔金属的两种应变机制相互协同。并且由于两种材料延伸率不一致，使得拉伸过程中在结合界面产生了剪切应力，从而进一步吸收能量，使得其塑性变形和硬化阶段的平台明显变长。

从图 3 – 11 中还可以看出，纯多孔阳极的极限抗拉强度只有 2.9 MPa，在阳极中间植入芯板后，复合多孔阳极的极限抗拉强度达到了 9.3 MPa，是多孔阳极的 3 倍。因此，可以说"反三明治"结构能够显著地提高多孔阳极的抗拉强度，芯板赋予了多孔阳极承载更大拉伸负荷的能力。虽然复合多孔阳极的极限抗拉强度只有传统平板阳极的一半，但由于前者的质量只有后者的 60% 左右（多孔层的孔隙率为 60% 左右，计算可得，芯板及两侧多孔层各厚 2 mm 的复合阳极的孔隙率为 40% 左右），其强度基本能够满足应用要求。

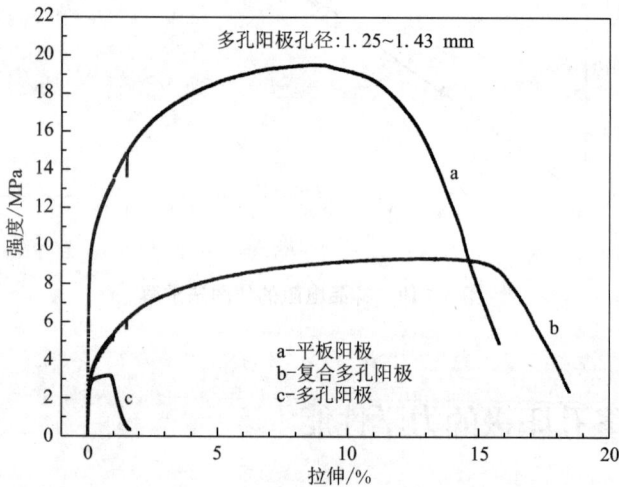

图 3 – 11 不同类型阳极的拉伸曲线

图 3 – 12 为不同孔径的复合多孔阳极的极限抗拉强度，从图中可以看出，其极限抗拉强度随着孔径的增大而先增大后减小。当孔径为 1.43 ~ 1.60 mm 时，抗拉强度达到最大值（9.6 MPa）。但在整个孔径变化范围内，抗拉强度的变化较平缓，最大值与最小值的差别只有 1.5 MPa。但若将孔径为 1.43 ~ 1.60 mm 的复合多孔阳极的加强金属板厚度从 2 mm 增加到 3 mm，则其极限抗拉强度可从

9.6 MPa增加到12.5 MPa,增加了2.9 MPa。因此,对于复合多孔阳极来说,其载荷的主要承担者为芯板。当样品厚度一定时,影响极限抗拉强度的主要因素为芯板的力学性能,多孔层孔径对其影响较小。虽然,可以通过增加芯板的厚度来进一步增加复合多孔阳极的强度,但为了与工业现行传统平板阳极的厚度(6 mm)保持相近,取芯板厚度为2 mm。

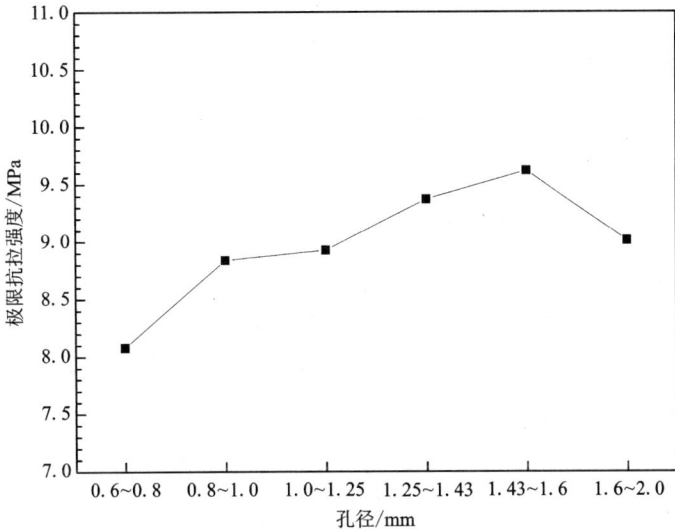

图 3 - 12 不同孔径的复合多孔阳极的极限抗拉强度

3.4 复合多孔阳极的导电性能

一般说来,由于多孔材料的孔结构基本上是各向同性的,所以其导电性也各向同性。但是,由于复合多孔阳极为一种"反三明治"结构,结构的各向异性导致了导电性能的各向异性。因此,需要测试不同方向的电导率来评价复合多孔阳极的导电性能。本章测量了与加强金属板平行和垂直两个方向的电导率,其结果如表3 - 3所示。从表中可以看出,芯板的方向对复合多孔阳极的电导率有显著的影响,与芯板平行方向的电导率大于与其垂直的方向。同时,从表中还可以看出,两个方向的电导率变化趋势一致,都是随着孔径的增大而先减小后增大,最小值出现在孔径为0.80 ~ 1.00 mm时。这可能是由于复合多孔阳极的电导率由芯板及外侧多孔层共同决定的。当芯板材质及厚度一定时,其电导率就仅由多孔层决定。对于多孔金属,当其孔径较小时,填料粒子间的空隙也小,即多孔层的孔壁较薄,使得电子的传输面积小、路径长且弯曲,从而多孔层的电导率变小。再加上制备过程中,由于金属铅液的表面张力大,熔体在填料粒子中的渗流阻力也大。填料粒子的粒径越小,熔体就越难渗入粒子的空隙中,从而增加了铸造缺陷,这也会影响多孔金属的电导率[174]。

表 3-3　不同孔径的复合多孔阳极的电导率

阳极	CPA-1	CPA-2	CPA-3	CPA-4	CPA-5	CPA-6
$\eta_\perp \times 10^{-6}(\text{S/m})$	1.25	1.20	1.23	1.37	1.42	1.65
$\eta_{/\!/} \times 10^{-6}(\text{S/m})$	1.71	1.52	1.59	1.70	1.71	1.85
$\eta \times 10^{-6}(\text{S/m})$	1.48	1.36	1.41	1.54	1.57	1.75

注:各种复合多孔阳极的平均电导率(η)通过以下公式计算:$\eta = (\eta_\perp + \eta_{/\!/})/2$。

利用同样的方法,测得孔径为 1.25~1.43 mm 的多孔 Pb-Ag 合金阳极的电导率为 1.15×10^6 S/m,而具有该孔径的复合多孔阳极的平均电导率为前者的 1.3 倍,与芯板平行方向的电导率为前者的 1.5 倍。在实际使用过程中,芯板与复合多孔阳极的悬挂方向平行,电流主要是从上部及耳向下沿芯板传输后再流入多孔层,故与芯板平行方向的电导率($\eta_{/\!/}$)更能代表复合多孔阳极的导电性能。因此,"反三明治"结构可以提高多孔阳极的导电性能。

3.5　复合多孔阳极的电流分布

利用计算机仿真技术进行模拟计算,是研究电极电势和电流分布的一种比较有效和直观的方法。金属电极表面的电势和电流分布同时受到电极和电解液的导电率、电极表面电化学反应以及电极表面附近反应物浓度的影响。若仅考虑导电率的影响,所计算得到的电势和电流分布称为初级分布,同时考虑导电率和电化学反应时的分布称为二次分布,同时考虑三者时,称为三次分布[175]。一般来说,初级分布由于电极和电解液的电阻不可避免,电流和电势分布会不均匀,而高的电流密度会产生大的极化电阻,反应速度又会影响电极表面反应物的浓度。因此,二次分布和三次分布对电极电势和电流的分布具有一定的整平作用。但二次和三次分布的整平作用有限,即初级分布对二次分布和三次分布的效果产生决定性的影响。因此,本书只计算电势和电流密度的初级分布。

如图 3-13 所示为纯多孔铅合金阳极和"反三明治"结构复合多孔铅合金阳极表面电流密度的分布图。从图中可以看出,由于阳极本身的电阻较大,电极表面电流的初级分布表现出了明显的不均匀性,即,电流密度从上向下急剧减少,电流集中由阳极上部进入电解质中且方向略向下倾斜。一般说来，电流密度越大，电化学反应速率越快，极化越严重。同时，电流密度越大，阳极腐蚀速率也越大。因此，电流密度在电极上部的集中，会造成阳极上部电化学极化严重，且腐蚀更快。在实际生产中，铅合金阳极经过长时间使用后，阳极腐蚀在电解液与空气的界面处最严重，常出现所谓的"断颈"现象。电流密度在阳极上部的集中造成腐蚀加快应当是其原因之一。

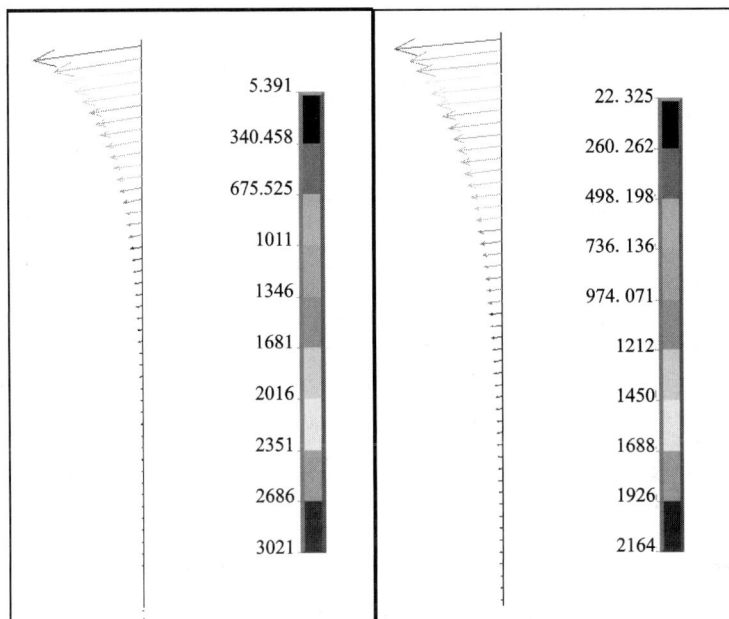

图 3 - 13　电极表面电流密度的分布

(a)纯多孔阳极；(b)"反三明治"结构复合多孔阳极

从图 3 - 13 还可以看出，阳极结构对电极表面电流密度分布的均匀性有影响，"反三明治"结构复合多孔阳极表面电流密度分布明显较纯多孔阳极的均匀，前者最大值和最小值之间的差值为 2142 A/m^2，后者的极值差为 3016 A/m^2。这说明极板电导率的增加有利于电极表面电流密度的均匀分布，从而使电极表面的电化学反应和腐蚀更加均匀，减少了"断颈"现象，这有利于延长电极的使用寿命。

为进一步了解阳极内部的电流的分布情况，计算了阳极某一截面处的电流密度分布，如图 3 - 14 所示。从图中可以看出，在电极内部，电流主要沿阳极向下流动，并部分指向两侧。但两类阳极的内部电流分布又存在明显的差异。对于纯多孔阳极，电流在电极内部横向均匀分布，而对于"反三明治"结构复合多孔阳极，约占总电流70%以上的电流集中在芯板，通过芯板向下传输并逐步流向两侧多孔层。这说明，复合多孔阳极对电极内部电流进行了重新分配，芯板成为了整个阳极的集流体，提供电荷传输的通道。也正因为如此，电流进入阳极后并不立即大量地流向电解质，而是同时往电解质和阳极下部区域流动，阳极内部通过的电流强度自上而下均匀减小，即各处净流出的电流强度趋向均匀，从而使得电极表面的电流密度也要较纯多孔阳极均匀。

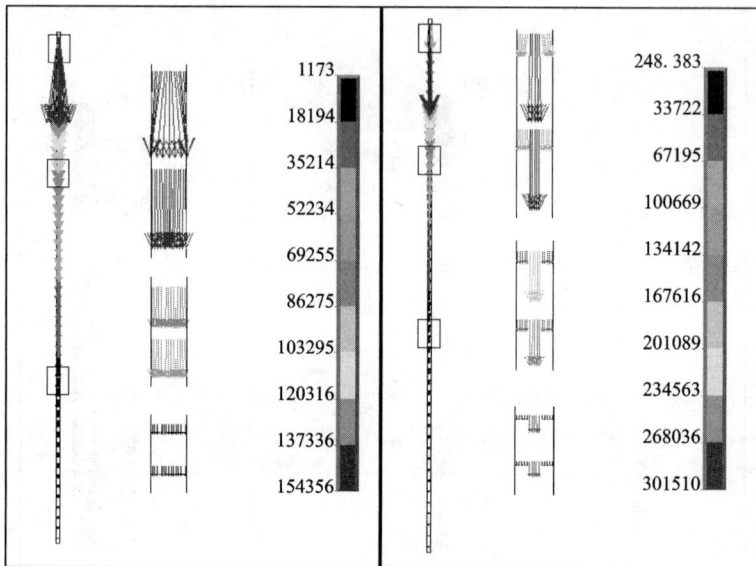

图 3 - 14　电极内部电流密度的分布
(a)纯多孔阳极；(b)"反三明治"结构复合多孔阳极

结合图3-13和图3-14，本章提出了复合多孔阳极电流分布的分支传输线模型，等效电路如图3-15所示。模型中，R_c为芯板单位长度的电阻，R_p为多孔层单位长度的电阻。电流I沿芯板向下输送，电阻随着路径的延长而增大，在向下传输的同时，电流被分成两路，一路走向多孔层，其电阻与离芯板的距离成正比，一路沿芯板继续向下传输，其电阻为一个与单位电阻R_c串联的并联电路。所串联的并联电路又是一个与上一分支完全相同结构的嵌套，如此反复，构成无限条分支传输线。整个电路的阻抗可用下式表示：

$$R = R_c + \cfrac{1}{\cfrac{1}{R_p} + \cfrac{1}{R_c + \cfrac{1}{\cfrac{1}{R_p} + \cdots}}} \qquad (3-13)$$

由于分支无限，在极限情况下，任何一个分支都可以看成是R_p与R的并联电

路,因此,式(3-13)可改写成以下函数:

$$R = R_c + \cfrac{1}{\cfrac{1}{R_p} + \cfrac{1}{R}} \tag{3-14}$$

对式(3-14)求解可得:

$$R = \frac{-R_c + \sqrt{R_c^2 + 4R_c R_p}}{2} \tag{3-15}$$

根据并联电路中,各支路的分电流与其电阻成反比的原理,可求得各分支的电流满足以下关系:

$$i_n = \frac{\sqrt{1+k}-1}{2} I_n \tag{3-16}$$

式中:$k = \dfrac{4R_p}{R_c}$,$I_{n-1} = I_n + i_n(n=1,2,3,\cdots)$,从而可求得各分支电流与总电流 I 的关系为一个指数函数:

$$i_n = \left[\frac{(\sqrt{1+k}-1)^2}{k}\right]^n \cdot I(n=1,2,\cdots) \tag{3-17}$$

上式即为电极表面电流密度的分布函数。当 $R_c = R_p$ 时,表示阳极为纯多孔阳极。此时,$k=4$,代入式(3-17)可得:

$$i_n = \left(\frac{3-\sqrt{5}}{2}\right)^n \cdot I = 0.382^n \cdot I \tag{3-18}$$

从式(3-18)可以明显看出,随着 n 的增大,分支电流 i_n 时迅速减小,与图 3-13(a)中多孔阳极表面电流分布从上到下开始时迅速减小,而后变化平缓的现象完全吻合,证明了分支传输线模型是合理的。

分析式(3-17),不难发现此指数函数的底数小于 1,是一个单调递减函数。因此,只要有电阻的存在,电极表面的电流密度分布就会不均匀。但增加 k 值,可使式(3-17)中的底数向 1 接近,从而使指数函数的曲线趋向平稳,亦即电极表面电流密度分布趋向均匀化,这就是"反三明治"结构复合阳极的表面电流密度较纯多孔阳极均匀的本质原因。这也说明,要想进一步增加电流密度分布的均匀性,可行的办法就是继续降低芯板的电阻(R_c),即提高芯板的电导率。虽然减小外侧多孔层的电导率同样也能达到增加 k 值的目的,但此举会增加整个电极的总电阻,从而增加电极电阻电压降,对多孔阳极

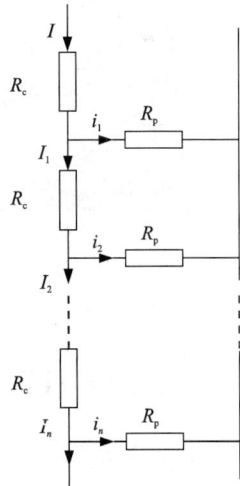

图 3-15 分支传输线模型等效电路图

的应用不利。

金属 Al 较金属 Pb 质量轻、导电能力好、机械强度高,是芯板材料的理想选择。但需要在其表面镀制一层铅合金保护层。目前,作者已成功开发了金属铅表面的熔盐化学法直接镀铅工艺,但 Al/Pb 复合材料与多孔铅层的冶金结合还需突破。

3.6 复合多孔阳极表面的电势分布

图 3-16 为两类阳极表面的电势分布,其最大值和最小值的差值可用来衡量阳极的电阻电压降。由于电流大部分集中于电极上部,使得电极上部的电势梯度较大。从图中可以看出,"反三明治"结构复合多孔阳极表面电势较纯多孔阳极均匀了许多,前者极值差为 15 mV,后者为 23 mV,这与复合多孔阳极使电极表面电流密度分布更加均匀的现象一致,也说明复合多孔阳极由于提高了电极的电导率,可以降低电极的电阻电压降,从而降低电积过程的槽电压,减少能耗。

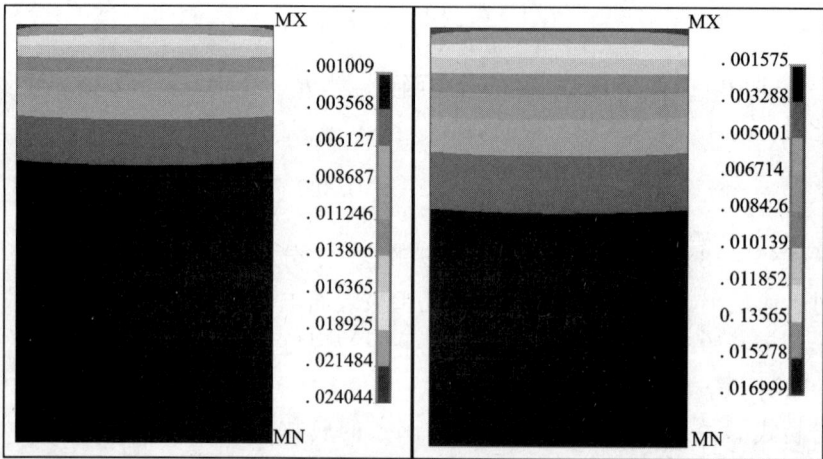

MX	MX
.001009	.001575
.003568	.003288
.006127	.005001
.008687	.006714
.011246	.008426
.013806	.010139
.016365	.011852
.018925	0.13565
.021484	.015278
.024044	.016999
MN	MN

图 3-16　不同结构阳极的表面电势分布

(a)纯多孔阳极;(b)"反三明治"结构复合多孔阳极

3.7 复合多孔阳极的电化学性能

(1)阳极电位

在有色金属的电积过程中,阳极表面主要发生氧气的析出反应。如第 3 章所述,对于多孔阳极,由于孔径有一定的大小,且电极内部到外部的路径是弯曲的,势必影响电极内部生成的氧气的逸出,我们称之为氧气的逸出阻力。由于这种逸出阻力的存在,一些气泡将滞留在电极内部并将电解液往外推,造成多孔阳极内部有一部分孔洞表面不能参与反应,故多孔阳极的电化学反应主要集中在电极的外部,多孔层孔洞的利用率也随着厚度的增加而减小。同时,这种逸出阻力还受到多孔层孔径的影响,一方面多孔层的孔径越小,阻力就越大;另一方面,随着多孔阳极孔径的增大,阳极的比表面积将减小,从而其实际电流密度增加,不利于降低阳极电位。但孔径的增大又能增加多孔层的有效反应面积,使孔洞的有效利用率提高。因此,多孔阳极在多孔层厚度和孔径上必然存在一个最优值,在此条件下阳极孔洞利用率高,阳极电位最低。

将不同孔径和不同多孔层厚度的阳极在 $50 \ mA/cm^2$ 的电流密度下恒流极化72 h,获得各电位的稳定阳极电位,其结果如图 3 – 17 所示。从图中可以看出,具有不同孔径的复合多孔阳极的稳定阳极电位都随着多孔层厚度的增加而降低。但当多孔层厚度大于 3 mm 时,阳极电位的降幅减小。这可能是因为,当多孔层厚度小于 3 mm 时,电极内部生成的气泡还能够部分逸出,电极孔洞的有效利用率虽然在减小,但电极的总电化学反应面积仍在明显增加。当厚度大于 3 mm 时,内部生成的气泡已基本无法逸出,内部的孔洞无法参与电化学反应,使得稳定阳极电位基本不再发生变化。因此,复合多孔阳极的多孔层厚度以取 3 mm 为宜,即复合多孔阳极能够有效利用的多孔层厚度为 3 mm。同时,从图 3 – 17 中还可以看出,孔径对阳极电位也有影响,但规律不明显,大体上在同一厚度下,孔径小的阳极的稳定电位低。当多孔层厚度为 3 mm,孔径为 1.25 ~ 1.43 mm 时,阳极电位达到最低值。

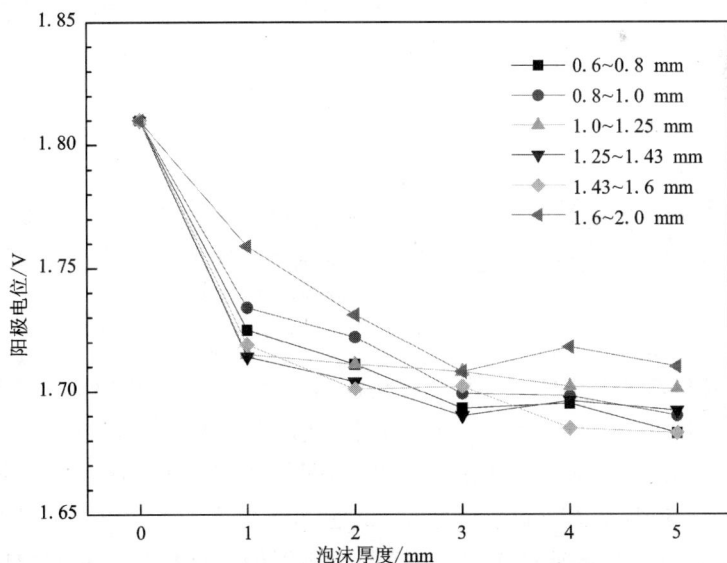

图 3 – 17 不同多孔层厚度的复合多孔阳极的稳定阳极电位

图 3 - 18 是多孔层厚度为 5 mm 复合多孔阳极在恒流极化 72 h 后的内部微观形貌图。从图中可以看出，即使经过 72 h 的极化，电极内部仍然基本保持了新鲜电极的形貌，各种缺陷随处可见。从局部放大图可以看出，虽然孔壁上也生成了部分氧化物膜，但膜层覆盖不完整，可见裸露的铅合金基底。这也进一步证明，多孔阳极的电化学反应具有一定的深度，且在电极内部反应强度较小。

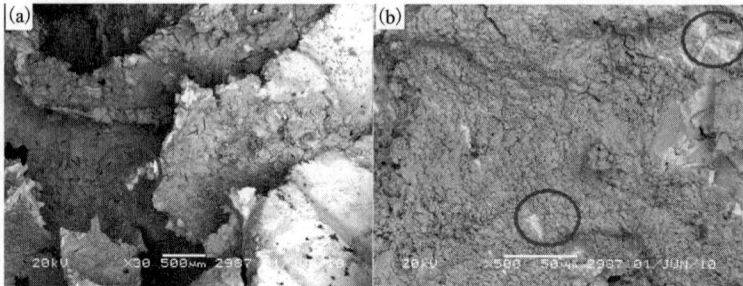

图 3 - 18 阳极极化 72 h 后电极内部的 SEM 图((a) :30 × ; (b) :500 ×)

这种现象可以从以下几个方面进行解释:①在极化初期，由于多孔层为通孔结构，电解液能顺利渗入电极内部，各孔壁表面均可发生反应，故内部也能有阳极氧化膜的存在;②由第 3 章的研究结果可知，多孔电极是一种三维电极，由于电解液传质、电化学极化以及电极本身电阻的综合影响，使得多孔层电化学反应电流从外表面向内部的延伸呈指数级的衰减。这使得多孔阳极不管在预极化还是长时间极化过程中，内部的反应强度都将远远小于外部的反应强度，从而表现为电极内部的氧化膜层不完整，电极反应表现出了具有"特征深度"的特点[176];③随着电化学反应的持续进行，电极孔壁上氧化层厚度增加并达到稳定，这一方面可以保护阳极不受到过快腐蚀，另一方面也使孔与孔之间的通孔度降低，进一步阻碍了传质和内部生成的气泡的逸出，从而使内部在极化稳定后基本不能进行电化学反应。

(2)阳极腐蚀率

由于 Pb 基阳极工作时的主要反应是析出氧气，在氧气析出前，阳极表面已转化成 PbO_2 层。因此，严格地说，Pb 基阳极实质上是 Pb/PbO_2 阳极，其放电物质为二氧化铅。由于 Pb 及其氧化产物具有不同的体积密度，导致铅阳极表面的 PbO_2 层疏松，与 Pb 基体间的结合力差，甚至部分脱落。加上阳极大量氧气的析出给阳极表面 PbO_2 层的冲刷作用，使得阳极表层组织结构疏松的 PbO_2 剥离、脱落，造成了阳极的腐蚀。阳极的腐蚀一方面缩短了阳极的使用寿命，另一方面，阳极表面脱落下来的 PbO_2 在电解液中部分转化成 Pb^{2+}，在阴极放电析出或 PbO_2

粒子在阴极产品中夹杂或黏附在阴极产品表面,从而使阴极产品含铅,降低了其品质。

在极化状态下,阳极腐蚀过程根据形成原因可分为三类:电化学腐蚀、化学腐蚀和缺陷腐蚀。其中,电化学腐蚀由电极表面的电化学极化引起,腐蚀速率由电极表面的实际电流密度和电解液成分决定,并与电流密度成正比;化学腐蚀为没有通电情况下,阳极由于与电解液发生化学反应而引起的腐蚀,对于铅合金阳极,表现为 Pb、PbO_2 与 H_2SO_4 反应生成 $PbSO_4$,由电极/溶液界面面积和电解液成分决定。电极表面积越大,化学腐蚀越快;缺陷腐蚀是指阳极在铸造过程中所形成的铸造缺陷,如裂纹、突起等。这些地方同时进行电化学腐蚀和化学腐蚀,对整个电极的腐蚀率产生不利影响。

图 3-19 为多孔阳极在纯 $ZnSO_4$ – H_2SO_4 体系中,电流密度为 500 A/m^2 时恒电流极化 72 h 后由元素平衡法测出的阳极腐蚀速率。同样,实验测得了相同的条件下,传统平板阳极的腐蚀率为 1.05 $g/(m^2 \cdot h)$。可以看出,多孔阳极的腐蚀速率都低于传统平板阳极。将多孔阳极与传统平板阳极对比,电流密度的巨大差异使得电化学腐蚀的影响占主导地位,即,多孔阳极由于实际电流密度小,使得其阳极腐蚀率较传统平板阳极小。

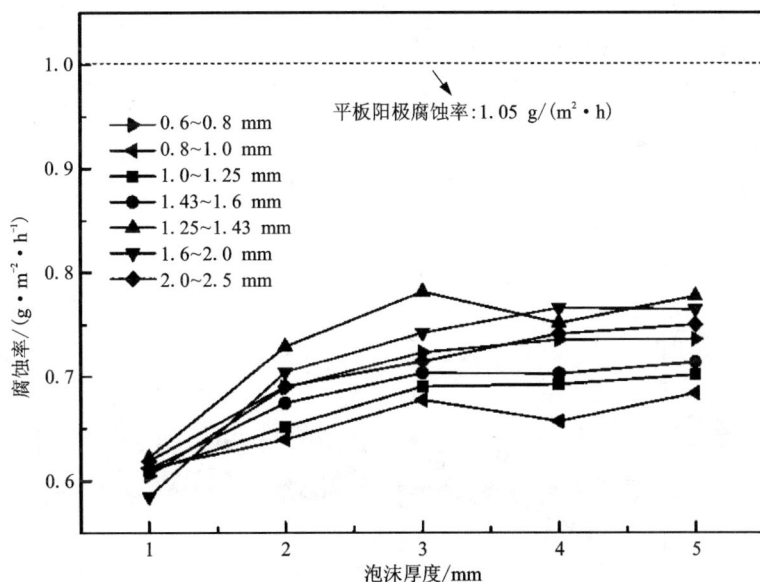

图 3-19 不同孔径不同厚度的多孔阳极的腐蚀速率

但同时,对于多孔电极来说,表面积的增大也增强了阳极与电解液间的化学腐蚀，使腐蚀速率提高。再加上多孔层反应电流的分布趋势是从电极外表面向内迅速减小，即随着厚度的增加，多孔层电极/溶液界面的电化学反应强度迅速减小，造成电化学腐蚀速度也迅速减小，但化学腐蚀的强度不会减弱。故对于不同厚度复合多孔阳极的腐蚀率，化学腐蚀的影响占据主导位置，即复合多孔阳极的腐蚀率随着多孔层厚度的增加而增大。但超过一定深度时(3 mm)，由于传质阻力增大和气泡滞留占据孔洞，使得内部的化学腐蚀程度较小。因此，在宏观上表面为多孔阳极的腐蚀率随着多孔层厚度的增加，先快速增加，后趋于平缓(图3-19)。

3.8 锌电积模拟试验

(1)阳极电位及槽电压

经过48 h 的连续电解，获得各阳极所对应的阳极电位与槽电压的详细数据。图3-20 给出了各阳极在48 h 内的槽电压-时间曲线。从图中可以看出，不管是用于对比的传统平板阳极还是不同类型的多孔阳极，其槽电压随时间的延长均发生波动，造成这种现象的原因可能是由于阳极表面氧化膜的形成过程比较慢，加上每天循环液流动控制不够精确，电解液的浓度难以完全达到一种稳定状态。另外，不管是用于对比的传统平板阳极还是不同类型的多孔阳极，其槽电压随时间的延长均略有上升的趋势，这可能是由于电解液中的 Mn^{2+} 能形成阳极泥并部分附着在阳极上，造成阳极表面电阻增大。

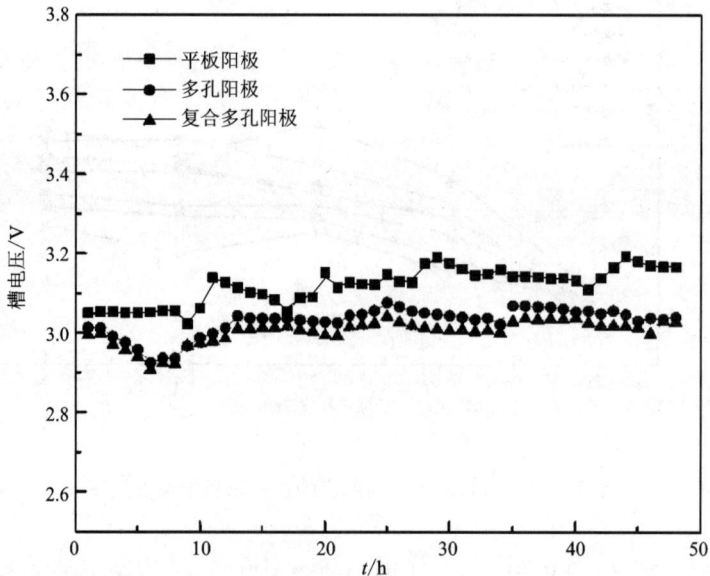

从图 3 - 20 还可以看出,多孔阳极所对应的槽电压总是比传统平板阳极的低。并且,"反三明治"结构复合多孔阳极的槽电压均比纯多孔阳极稍低。这说明,复合多孔阳极具有比纯多孔阳极更好的降低槽电压的效果。计算 48 h 内各槽的平均阳极电位与槽电压值,其结果如表 3 - 4 所示。从表中可以看出,各阳极电位与槽电压的走势完全一致,槽电压的降低是由于多孔阳极的阳极电位降低的结果。并且,可以发现,复合多孔阳极的平均阳极电位和槽电压较纯多孔阳极分别低了 16 mV 和 26 mV。从前面的计算机仿真结果可知,由于复合多孔结构提高了阳极的导电率,使电极表面电流密度的分布更加均匀(图 3 - 14),降低了阳极电阻电压降(图 3 - 16),从而使电极表面的电化学极化更加均匀,这有利于阳极电位和槽电压的降低。"反三明治"结构的设计达到了增强阳极节能效果的目的。

表 3 - 4   各阳极所对应的平均槽电压和平均阳极电位

阳极	传统平板阳极	纯多孔阳极	复合多孔阳极
阳极电位/(V vs. SCE)	1.889	1.791	1.775
阳极电位差值/mV	—	-98	-114
槽电压/V	3.112	3.029	3.003
槽电压差值/mV	—	-83	-109

(2)阴极电流效率及能耗

计算 48 h 电解试验各阳极所对应的电流效率与能耗,结果如表 3 - 5 所示。由表可知,在表观电流密度为 500 A/m² 时,传统平板阳极的电流效率与多孔阳极电流效率相当,均介于 87% ~ 88%,说明阳极结构和阳极形貌对阴极电流效率没有影响。但由于多孔阳极能够降低槽电压,使得多孔阳极的吨锌能耗较传统平板阳极低,其中纯多孔阳极能降低 91 kW · h/t - Zn,而复合多孔阳极降低了 109 kW · h/t - Zn,较纯多孔阳极更省电。

表 3 - 5   各阳极所对应的电流效率与能耗

阳极	传统平板阳极	纯多孔阳极	复合多孔阳极
阴极 Zn 质量/g	336.98	338.44	337.67
电流效率/%	87.7	88.1	87.9
能耗/(kW · h · t⁻¹) - Zn	2910	2819	2801
节电/(kW · h · t⁻¹) - Zn	—	91	109

(3)阳极腐蚀速率及阴极锌品质

阳极腐蚀率是评价锌电积阳极的一个重要指标,它直接关系到阳极的使用寿命和阴极 Zn 的品质。腐蚀率越低,阳极的使用寿命越长,阴极 Zn 中的含 Pb 量随之降低,从而提高了阴极产品的 Zn 合格率。

由于电解时间只有 48 h,生成的阳极泥少,无法收集,故略去式(4-10)中阳极泥部分,计算各阳极电解 48 h 的平均腐蚀率,结果如表 3-6 所示。从表中可以看出,多孔结构可以明显降低阳极腐蚀率,两类多孔阳极的腐蚀率在 0.6 g/(m² · h)左右,约为传统平板阳极的一半。低腐蚀率带来的直接效果就是电解液中的 Pb 含量降低,从而减小了 Pb^{2+} 在阴极的析出电流,使阴极锌中的 Pb 含量降低。如表 3-6 所示,多孔阳极所对应的阴极锌的 Pb 含量只有传统平板阳极的约 50%,大大提高了锌品质。同时也发现,三类阳极所对应阴极锌中的 Pb 含量均未达到 0# 锌标准($w_{Pb} \leq 0.003\%$)。这是由于电解时间较短,阳极表面还未能完全形成稳定的保护膜,使得阳极的腐蚀率偏大。而且在工业生产中,常在电解液中加入一定量的 $SrCO_3$,该物质可以减少溶液中的 Pb^{2+} 含量。本试验过程中,未加入任何添加剂,这些造成阴极锌中的 Pb 含量较高。但从表中可以看出,电解废液中的 Pb 含量、阴极锌的 Pb 含量以及阳极腐蚀率数据的变化趋势相同,不影响各阳极之间的横向对比。从表 3-6 还可以看出,复合多孔阳极的腐蚀率较纯多孔阳极稍低,这应当与复合多孔阳极表面电流密度分布更加均匀有关。

表 3-6 各阳极腐蚀率对比

阳极	传统平板阳极	纯多孔阳极	复合多孔阳极
电解废液 Pb 含量/(mg · L⁻¹)	7.4	4.4	4.8
电解后液体体积/L	21.180	21.640	20.605
阴极锌含铅量/%	0.0630	0.0315	0.0265
腐蚀率/(g · m⁻² · h⁻¹)	1.17	0.64	0.60
相对腐蚀速率/%	100	54.7	51.3

对电解废液中的 Mn^{2+} 含量进行检测,传统平板阳极电解液中的 Mn^{2+} 含量为 3.428 g/L,纯多孔阳极和复合多孔阳极的 Mn^{2+} 含量分别为 3.887 g/L 和 3.869 g/L。正如文献所说,多孔阳极可以减小电解液中 Mn^{2+} 的贫化。这一方面可以减少阳极泥的生成数量,从而延长掏槽周期,降低劳动强度,另一方面可以延缓阳极泥在阳极板上的积累,延长阳极板的清洗周期。

图 3-21 为电解 48 h 后的阳极表面形貌。从图中可以看出,传统平板阳极表面覆盖有一层致密、坚硬的阳极泥壳,而多孔阳极表面只有一层薄薄的阳极泥,

阳极的多孔结构显现完整。一方面,阳极表面的阳极泥对铅合金基底起保护作用,这也是新鲜阳极在使用前需要在低电流密度下进行预镀膜处理的原因;另一方面,阳极泥的导电性能差,其在阳极表面会不断积累、变厚,并增加电极的膜层电阻,从而增加槽电压。因此,理想的情况是阳极表面始终保持有一层较薄的阳极泥保护膜。多孔阳极由于能够显著降低阳极的真实电流密度,从而减少 Mn^{2+} 的贫化,可保证阳极表面长时间地处于上述理想状态[图 3-21(b)],在不升高阳极膜层电阻的情况下,减少阳极的腐蚀,这应当也是多孔阳极的槽电压较传统平板阳极小的原因之一。同时,在试验中也发现,复合多孔阳极表面形貌与纯多孔阳极类似,说明阳极结构对阳极泥的生成没有影响。

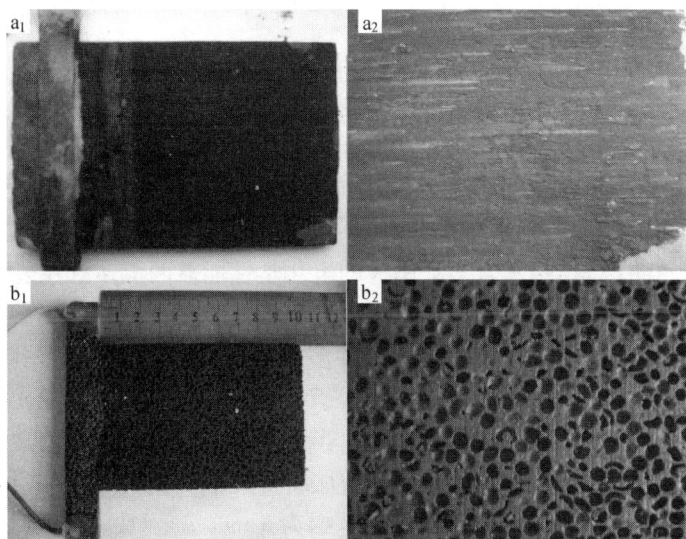

图 3-21 阳极电解后形貌

a_1,a_2—传统平板阳极;b_1,b_2—"反三明治"结构复合多孔阳极

3.9 本章小结

本章以提升多孔阳极的综合性能为目标,对多孔阳极进行多功能化设计。提出了一种全新的芯为致密金属材料,两侧为多孔体的"反三明治"结构,研究了复合多孔阳极的拉伸性能、导电性能以及表面电流密度和电势分布的特点,并从阳极的电化学性能方面对其结构进行了优化,模拟锌电积条件开展了复合多孔阳极的实验室模拟试验,以验证多功能化设计的效果,得出以下结论:

(1)通过反重力渗流法预成型半整体发泡技术制备了芯为致密金属,两侧为

铅合金多孔层的"反三明治"结构复合多孔铅合金阳极。在填料粒子预热温度为300℃，熔体温度为500℃和结晶压力为0.06 MPa的优化条件下，所得复合多孔阳极的芯板与两侧多孔层实现了冶金结合，有利于芯板和多孔层性能的耦合。

(2)"反三明治"结构能够显著提高多孔阳极的力学性能。芯板起着承受载荷的作用，对阳极的拉伸力学性能起决定性影响。当芯板为2 mm厚的Pb－Ag合金板时，孔径为1.25～1.43 mm的复合多孔阳极的极限抗拉强度为同孔径多孔阳极的3倍，已可基本满足应用要求。

(3)"反三明治"结构可以提高多孔阳极的导电性能，且由于电极电阻的存在，电极表面电流密度分布不均匀，其分布遵循分支传输线模型：

$$i_n = \left[\frac{(\sqrt{1+k}-1)^2}{k}\right]^n \cdot I \left(k = 4 \cdot \frac{R_p}{R_c}, \ n = 1, 2, \cdots\right)$$

式中：R_p为多孔层电阻；R_c为芯板电阻。"反三明治"结构的芯板起向下传导电流的作用，并在向下传输过程中向两侧的多孔层分流，从而使多孔阳极的电流密度分布趋向均匀。电流密度的均匀分布也使电极表面电势分布均匀，复合多孔阳极表面电势最大值和最小值的差值较纯多孔阳极减小8 mV，有利于进一步降低电积过程的槽电压。

(4)"反三明治"结构复合多孔阳极的电化学性能靠两侧多孔层发挥。由于溶液传质阻力和气泡逸出阻力的影响，多孔层反应电流和孔洞利用率从外到内迅速减小，电化学性能发挥具有"特征深度"。多孔阳极的阳极电位随多孔层厚度的增加速度先迅速减小，而后在多孔层厚度大于3 mm后趋于平缓。多孔阳极的腐蚀率受电化学腐蚀和化学腐蚀的共同影响，当改变多孔层厚度时，化学腐蚀的影响占主导地位，腐蚀率随着多孔层厚度的增加而变大，但当厚度大于3 mm时，变化减缓。故复合多孔阳极的多孔层的厚度选择为3 mm。

(5)"反三明治"结构复合多孔阳极在锌电积过程中表现出较传统平板阳极和纯多孔阳极更好的应用特性。复合多孔阳极的阳极电位较传统平板阳极和纯多孔阳极分别降低了114 mV和16 mV，槽电压分别降低了109 mV和26 mV，腐蚀率分别为传统平板阳极和纯多孔阳极的51.3%和93.7%，阴极锌中的Pb含量分别为51.3%和93.8%。在阴极电流效率均保持在87%～88%的情况下，复合多孔阳极的吨锌能耗较传统平板阳极和纯多孔阳极分别降低了100 kW·h/t－Zn和18 kW·h/t－Zn。

第 4 章　Pb – Ag – RE 合金阳极的力学性能与电化学性能

4.1　引言

　　由 Gibson – Ashby 方程可知,多孔金属材料的力学性能主要由其孔隙率和对应致密材料的力学性能决定。因此,提高铅基合金本身的强度成为强化多孔阳极力学性能的一个重要方向。另外,为了进一步降低阳极的原料成本,也需要找到一种新型合金配方,使其在保证与 Pb – Ag(0.8%)合金具有相当的电化学性能(阳极析氧性能和耐腐蚀性能)的前提下,尽可能降低合金中的 Ag 含量。

　　由 1.2 可知,除了作为不溶阳极用于有色金属电沉积工业外,铅合金的另外一个更重要的用途就是作为铅蓄电池的板栅材料,起到支撑活性物质和汇集电流的作用[177]。为了提高阀控铅酸电池(VRLA)板栅的耐腐性能和深循环性能、降低腐蚀膜阻抗[90,122],于是往正极板栅合金中加入适量 RE 元素成为了当前的研究热点。研究表明,RE 可以提高铅基板栅的力学强度、降低板栅表面 Pb(Ⅱ)膜的阻抗及抑制阳极 Pb(Ⅱ)膜的生长[103,105,114]。而阳极膜层电阻引起的电压降是阳极电位的组成之一,膜层成分也会进一步影响阳极析氧电催化能力,从而影响到阳极析氧过电位,因此,RE 元素似乎可以同时对铅基合金的力学性能和电化学性能产生影响。

　　基于以上设想,本章将稀土元素引入锌电积用铅基合金阳极中。但有色金属电沉积领域和铅酸电池领域存在很大的不同,表现在:

　　(1)铅合金的功能不同。在铅酸电池领域,铅合金用作板栅,起活性物质支撑体和电流传导体的作用;而在有色金属电沉积领域,铅合金作为一种阳极材料,为氧气的析出提供反应场地,其表面氧化膜结构决定了析氧反应的难易程度,从而影响电积过程的能耗。

　　(2)工作条件不同。在铅酸电池领域,铅合金用作正极和负极板栅,在电池的充放电过程中,电极的电位(正极:1.4~2.1 V vs. SCE,负极: -0.9 ~ -0.4 V vs. SCE)发生往复变化,这将造成板栅表面的保护膜成分也发生周期性变化;而在有色金属电沉积领域,铅合金用作阳极,在一个恒定的电流密度(500 A/m²)下长时间工作,表面氧化膜的结构和阳极电位也相对稳定。

由此造成两者对铅合金的要求不同。在铅酸电池领域，对铅合金板栅的要求是有一定的力学强度、低的析气率(负极析氢，正极析氧)和高的耐腐蚀性。而在有色金属电沉积领域，对铅合金阳极的要求是较高的力学强度、高的析氧活性和高的耐腐蚀性。因此，虽然 Pb – RE 合金在铅酸电池领域已有大量研究，但要将其用于有色金属电沉积领域还需要进行一些针对性研究，尤其是在合金的力学性能、阳极析氧活性和腐蚀速率三个方面。因此，本章从力学性能和电化学性能两方面考察各种 RE 元素在铅合金中的作用。

4.2 实验

4.2.1 Pb – RE 合金的铸造

理想的 Pb – RE 合金应当满足以下要求：①RE 元素烧损少，以保证成分控制的准确性和稳定性；②RE 元素与金属铅混合均匀，保证合金各处成分的一致性。但稀土元素的化学性能非常活泼，在空气中加热时极易被氧化生成高熔点的氧化物。由于稀土氧化物的密度较铅小得多，会漂浮在熔体表面。同时，RE 金属的密度较 Pb 小($\rho_{RE} = 6 \sim 7 \ g/cm^3$，$\rho_{Pb} = 13.6 \ g/cm^3$)，铸造时 RE 元素容易浮在熔体上层，这加剧了 RE 与空气的接触，一方面使稀土元素烧损严重，需要加入过量才能保证合金成分达到目标含量；另一方面，也给合金中 RE 含量控制带来一定的难度。

为了解决以上问题，获得比较理想的 Pb – RE 合金，关键是要使熔体与空气隔绝，并进行搅拌以加强 RE 在熔体中的分散。本章采用二步重熔法铸造 Pb – RE 合金。即先在具有氩气保护气氛的电磁感应炉中制备高稀土含量的 Pb – RE 二元母合金(RE 含量5%左右)，然后以母合金和金属 Pb 为原料在活性炭粉覆盖条件下(活性炭粉能跟接触的氧气反应，生成 CO_2，起到隔离氧气的作用)配制目标 RE 含量的成品合金。其具体操作过程如下：

(1) Pb – RE 母合金的铸造

Pb – RE 母合金的熔铸在真空电磁感应炉中进行，具体操作和条件如下：

①称取一定量 Pb 块和 RE 金属，并用 Pb 皮将 RE 包裹，放入真空电磁感应炉的水冷坩埚中，关闭炉盖；

②依次打开机械泵和扩散泵，将真空电磁感应炉膛内部抽真空，真空度 <1 Pa时停止；

③往炉膛内充入氩气，至炉内压力为 –0.06 MPa；

④接通冷却水和整流器电源，调节电流加热，熔炼 30 min；

⑤冷却 15 ~ 20 min，重复步骤④两次；

⑥冷却，取出母合金。

（2）Pb‐RE 合金的铸造

Pb‐RE 合金样品铸造装置如图 4‐1 所示，具体熔铸步骤如下：

①称取适量纯 Pb 和／或 Pb‐Ag（0.8％）合金置于电阻炉中加热至 500℃；

②降下搅拌浆，使熔体完全覆盖搅拌头，预热 10 min；

③在熔体表面覆盖 5 cm 厚活性炭粉；

④加入称量好的母合金，启动搅拌浆，搅拌 30 min，然后保温 60 min；

⑤去除活性炭，浇铸成型。

经过以上方法熔铸 Pb‐RE 合金，可大大减轻 RE 的烧损，又一定程度上降低了铸造成本，有利于实际生产中的应用。

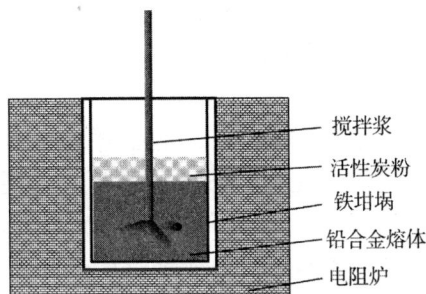

图 4‐1　Pb‐RE 合金熔铸示意图

4.2.2　性能测试与结构表征

（1）力学性能

采用 3.2.4 所述的方法进行 Pb‐RE 合金拉伸性能的测试，并以极限抗拉强度为其力学性能的考查指标，对比各种合金元素及其添加量对铅合金力学性能的影响。

（2）电化学性能

本章主要利用恒流极化和 Tafel 曲线对不同成分的 Pb‐RE 合金的阳极电位、腐蚀率、表面氧化膜成分进行表征，并研究其机理。在电化学测试之前，电极需要依次用 400 目、600 目和 1000 目的金相砂纸打磨、抛光，碱性除油后，用去离子水清洗、烘干待用。

对阳极电化学性能产生影响的关键因素为 H_2SO_4 的浓度和电流密度。因此，实验室为简化条件，采用的电解液为 160 g/L 的 H_2SO_4 溶液。电解液体积为 300 mL，温度用水浴锅控制在（35.0±0.5）℃，电流密度为 500 A/m^2。极化在玻璃三电极体系中进行，其中阳极为表面积 1 cm^2 的 Pb‐RE 合金电极，对电极采用

Pt 电极，参比电极为饱和甘汞电极。由于阳极表面氧化膜的形成是一个逐渐稳定的过程，而氧化膜成分和结构又决定了阳极电位的大小。因此，选择阳极电位达到稳定时为恒流极化的终点，并以稳定阳极电位为电化学特性的一个评价指标。测试过程中，通过万用表读取阳极电位，并利用计算机自动采集，时间间隔为 1 min。

采用失重法测试阳极的腐蚀率[11]。在恒流极化之前，将测试电极在 60℃ 的烘箱中烘 10 h，称重，记为 m_1。然后将其极化 72 h 后，在沸腾的糖碱溶液中去除表面铅氧化膜，用蒸馏水冲洗干净，再在 60℃ 的烘箱中烘 10 h，称重，记为 m_2。通过以下公式计算阳极的腐蚀速率：

$$V_{corr} = \frac{m_1 - m_2}{A \cdot t} \qquad (4-1)$$

式中：V_{corr} 为阳极腐蚀率，$g/(m^2 \cdot h)$；m_1、m_2 为阳极极化前、后的质量，g；A 为阳极表面积，m^2；t 为极化时间，h。

同时，为了表征阳极氧化膜的组成及含量，采用如 2.2.2 所述的小电流计时电位法测试不同阳极表面氧化膜的成分。

为表征电极的析氧电催化能力，采用电化学综合测试仪（美国现代仪器，PARSTAT 2273）测试 Pb-RE 合金在恒流 50 mA/cm² 极化 30 min 成膜后的极化曲线。具体测试方法如下：将打磨过的电极在 -50 mA/cm² 电流下预处理 10 min，以除去表面氧化物，然后以 50 mA/cm² 电流成膜 30 min 后，随即以 1 mV/s 的扫描速度从 1.7 V 扫描至 2.0 V。

（3）合金金相

将 Pb-RE 合金经镶样、打磨、抛光和刻蚀处理后，利用金相显微镜（德国 Leica，MeF3A 型）对其金相结构进行观测。

（4）表面氧化膜形貌

恒电流极化完成后，立即取出阳极试样，去离子水清洗掉表面残留电解液后用吹风机吹干。将制好的样品在扫描电镜（日本 JEOL 公司，JSM-6360LV 型）上对表面氧化膜的微观形貌进行观测。

4.3　RE 对铅阳极性能的影响

（1）力学性能

图 4-2 显示了各种 Pb-RE 二元合金的极限抗拉强度随 RE 含量的变化趋势。从图中可以看出，与纯 Pb 相比，RE 元素的加入均增大了其力学强度。且随着 RE 元素含量的增加，Pb-RE 二元合金的极限抗拉强度也增加，但其提高程度逐渐减小。以 Pb-Pr 合金为例，当 Pr 含量为 0.1% 时，其极限抗拉强度由纯 Pb

的 11.4 MPa 增加到了 13.9 MPa，提高了 21.9%。当 Pr 含量达到 2.0% 时，其极限抗拉强度为 20.1 MPa，提高了 76.3%。同时，从图中还可以看出，各 RE 元素对 Pb – RE 二元合金的极限抗拉强度的提高程度不同，并表现出很明显的规律性，即 Pb – Pr 合金 > Pb – Gd 合金 > Pb – Sm 合金 > Pb – Nd 合金。

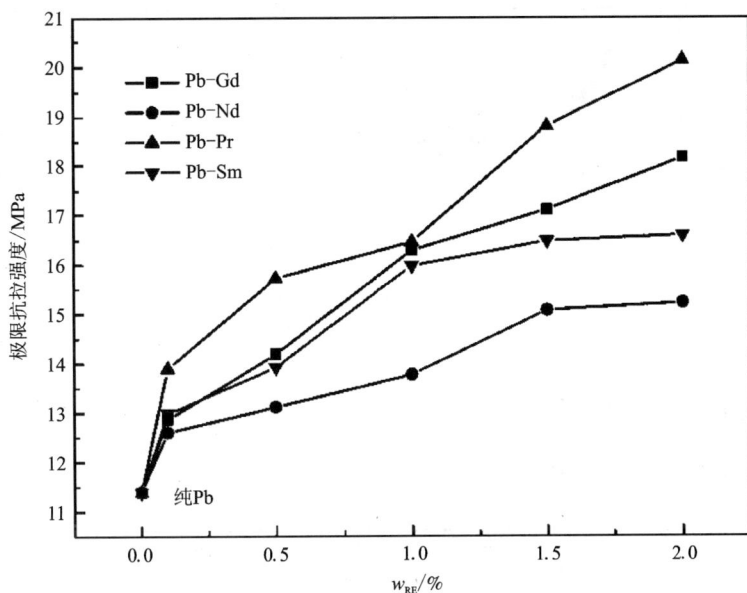

图 4 – 2　Pb – RE 二元合金的极限抗拉强度

（2）恒流极化特性

图 4 – 3 为不同种类及添加量的 RE 对铅合金在 160 g/L 硫酸溶液中进行恒流极化（50 mA/cm^2）时的稳定阳极电位。从图中可以看出，各 RE 元素的添加，都可或多或少降低铅阳极的阳极电位，且随着各 RE 元素添加量的增加，阳极电位逐渐减小。以 Pb – Nd 合金为例，在 Nd 含量为 0.1% 时，铅合金的稳定阳极电位从纯铅的 1.945 V 降低到 1.930 V，降低了 15 mV；当 Nd 含量增加到 2.0% 时，Pb – Nd 合金的稳定阳极电位为 1.801 V，较纯 Pb 电位降低了 144 mV。这说明，RE 元素的加入有利于降低铅合金在硫酸溶液中的阳极电位。

但是，各 RE 元素的添加量对稳定阳极电位的影响程度不同。其中，Pb – Sm 合金中 Sm 的添加量的变化对阳极电位的影响小，随着含量的增加，稳定阳极电位稍有降低。而元素 Nd 对 Pb 电极的阳极电位影响较大，在 Nd 含量小于 1.0% 时，随着 Nd 含量的增加，阳极电位先是缓慢降低，随后，又迅速下降。元素 Gd 和 Pr 对 Pb 电极稳定阳极电位的影响类似，电位的下降速度居于 Sm 和 Nd 之间。

对四种 Pb－RE 二元合金的稳定阳极电位进行排序可知，当 RE 元素的含量小于
1.0%时，Pb－Nd 合金 < Pb－Gd 合金 < Pb－Sm 合金 < Pb－Pr 合金；当 RE 元素
的含量大于1.0%时，由低到高依次为 Pb－Nd 合金 < Pb－Pr 合金 < Pb－Gd 合金
< Pb－Sm 合金。

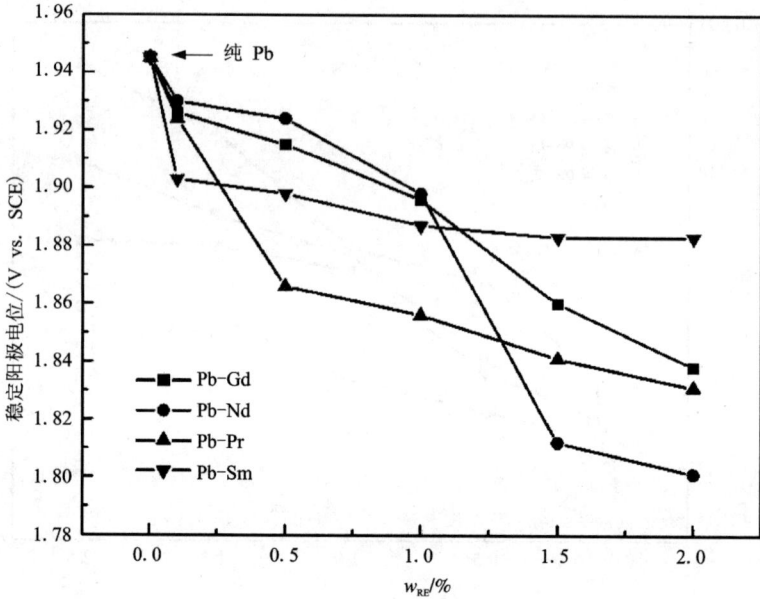

图 4－3　Pb－RE 二元合金在硫酸溶液中的稳定阳极电位($\rho_{H_2SO_4} = 160$ g/L，$i = 50$ mA/cm^2)

　　图 4－4 为不同 RE 添加量的 Pb－RE 二元合金在 160 g/L 硫酸溶液中恒流极
化(50 mA/cm^2)72 h 后的腐蚀率。从图中可以看出，和稳定阳极电位一样，Pb－
RE 二元合金的腐蚀率也表现出了分段特性，即在 RE 含量小于或等于1.0%时，
Pb－RE 二元合金的腐蚀率随 RE 添加量的增加而变化平缓。当 RE 含量大于
1.0%时，合金的腐蚀率迅速增加到一个新的平台。一般说来，铅合金的阳极电
位和腐蚀率之间存在一定的关联：一方面，当阳极电位较高时，电极的极化严重，
表面氧化膜会变得疏松、多孔，有利于电解液渗入基底，从而加剧阳极的腐蚀；
另一方面，阳极电位综合表现为多个阳极反应，即铅合金的氧化、Mn^{2+} 的氧化和
O$_2$的析出。其中，以第三个反应占主体，其消耗约占通过阳极电量的98%[168]。
当阳极腐蚀较快时，铅合金的氧化反应所占比例上升，可适当降低阳极电位。这
可能是阳极电位和腐蚀率在 RE 含量为 1.0% 左右时的表现不同的原因。
　　同时，从图 4－4 中还可以看出，元素 Nd 表现出了与其他三种 RE 元素不一
样的特性。Pr、Gd 和 Sm 的加入都使 Pb－RE 二元合金的恒流极化腐蚀率提高，

而在 Nd 的加入量小于 1.0% 时, Pb - Nd 合金的腐蚀率明显降低。如, 当 Nd 含量为 0.1% 时, Pb - Nd 合金的腐蚀率为 11.49 g/(m² · h), 较纯铅电极[13.06 g/(m² · h)]降低了 12%。对于电积工业来说, 阳极腐蚀速率是最重要的指标。一方面, 由于阳极腐蚀产物将进入电解液, 故阳极腐蚀速率将影响电解液中的 Pb 含量, 从而影响阴极产品的品质; 另一方面, 阳极腐蚀速率直接决定阳极的使用寿命, 从而影响阳极的消耗成本。尤其对于后者, 由于阳极中要用到大量贵金属 Ag, 阳极寿命的延长, 将大大降低阳极单耗成本, 从而节省阳极的投资, 对锌电解企业具有很大的诱惑力。

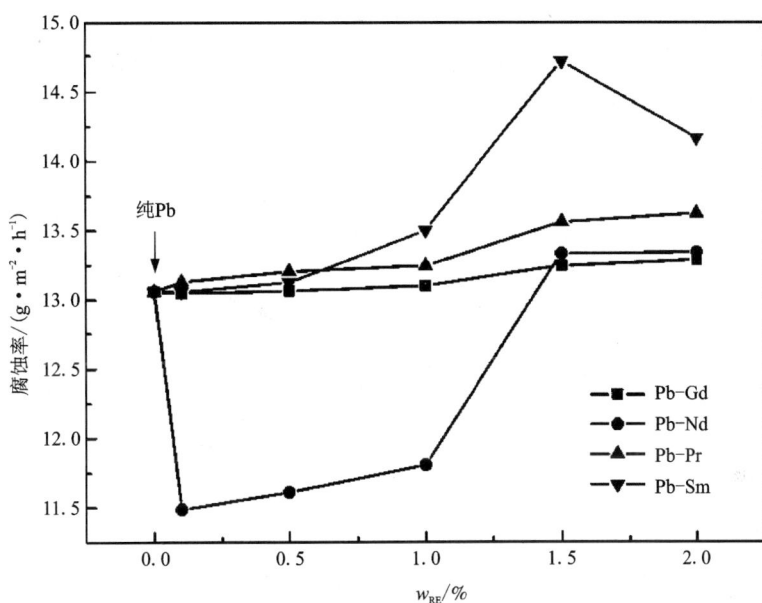

图 4 - 4 Pb - RE 二元合金在硫酸溶液中的腐蚀率($\rho_{H_2SO_4} = 160$ g/L, $i = 50$ mA/cm²)

4.4 RE 对 Pb - Ag 合金阳极性能的影响

从上面的结果可知, 不同的 RE 元素对 Pb - RE 二元合金的力学性能和恒流极化特性的影响不同。从力学性能的角度来看, 元素 Pr 最好, Gd 次之, 从阳极电位和腐蚀率来看, 元素 Nd 最好。但它们的具体指标远远不如目前工业普遍采用的 Pb - Ag(0.8% ~1.0%)合金。因此, 仅仅通过向纯 Pb 中加入 RE 元素, 不能获得让人满意的阳极材料。

采用金属 Ag 作为铅阳极的合金元素, 是在于金属 Ag 具有以下几大特点: ①Ag 的加入可以修饰阳极表面氧化膜的结构, 从而降低阳极的析氧电位; ②Ag

可使阳极的表面氧化膜趋向致密，从而大大降低阳极腐蚀率；③Ag 可以细化铅合金的晶粒，增加合金晶粒间的位移阻力，从而提高阳极的力学性能；④Ag 可以增加合金的导电性，从而均匀极化，降低极板电阻引起的电压降。

本节选择力学性能表现较好的 Pb – Pr 和 Pb – Gd 合金以及在腐蚀率方面表现突出的 Pb – Nd 合金作为研究对象，向合金中加入一定量的金属 Ag。希望将金属 Ag 优异的性能与 RE 复合，获得一种低 Ag 含量的 Pb – Ag – RE 三元阳极。

4.4.1 Pr 和 Gd 对 Pb – Ag 合金阳极性能的影响

（1）力学性能

从图 4 – 2 可知，Pb – RE 的极限抗拉强度与 Gd 和 Pr 的含量成正比。故选择 RE 含量为 2.0%，改变 Pb – Ag – RE 三元合金中的 Ag 含量，测试 Ag 含量对三元合金力学性能的影响规律，并与 Pb – Ag(0.6%) 和 Pb – Ag(0.8%) 合金对比，其结果如图 4 – 5 所示。

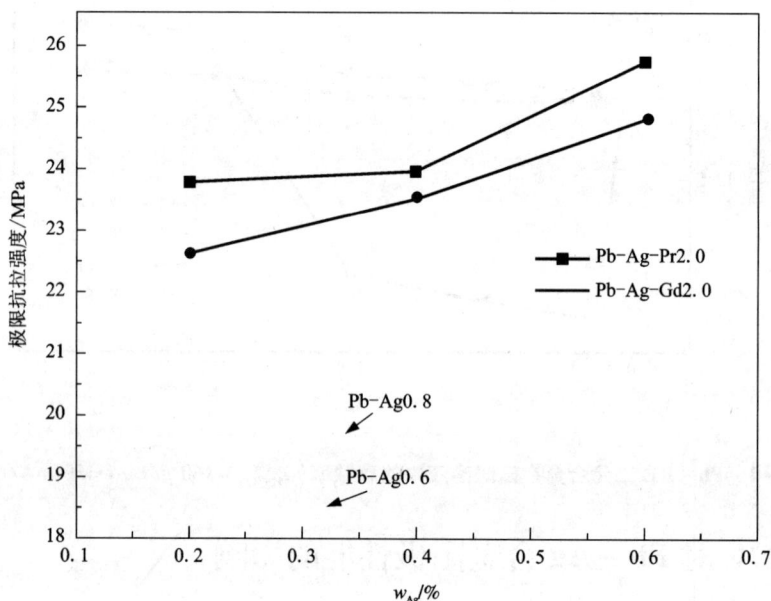

图 4 – 5 Pb – Ag – Pr 和 Pb – Ag – Gd 合金的极限抗强度

从图中可以看出，元素 Gd 和 Pr 均使 Pb – Ag – RE 合金的力学性能得到了显著的改善，且 Pr 的改善效果较 Gd 更好，这与 Pb – Pr 合金的极限抗拉强度较 Pb – Gd 合金高的规律一致。同时也可发现，即使在 Ag 含量很低的情况下，三元合金的极限抗拉强度仍高于高 Ag 含量的 Pb – Ag 二元合金。如 Ag 含量为0.2%

时，Pb－Ag－Pr 合金的极限抗拉强度达到 23.8 MPa，分别为 Pb－Ag(0.6%)和 Pb－Ag(0.8%)合金的 1.3 倍和 1.2 倍。这说明 Ag 与 Pr 和 Gd 能互相促进各自对三元合金的力学性能的改善作用。同时，随着 Ag 含量的增加，三元合金的极限抗拉强度也增加，这与 Ag 含量的增加可提高 Pb－Ag 二元合金的力学性能的规律一致[11]。由上可知，从力学性能的角度考虑，Pr 和 Gd 不但能够大幅度降低铅合金阳极的 Ag 含量，并且可以进一步提升其力学性能。

(2)恒流极化特性

将 Pb－Ag－Pr 和 Pb－Ag－Gd 三元合金在 160 g/L H_2SO_4 溶液中以 50 mA/cm^2 的电流极化 72 h，读取各合金阳极的稳定阳极电位，并与 Pb－Ag 合金阳极对比，其结果如图 4－6 所示。从图中可以看出，不论是二元合金还是三元合金，随着 Ag 含量的增加，阳极的稳定电位减小，金属 Ag 对铅合金析氧电催化能力的提升作用十分明显。同时，Pb－Ag－Pr 和 Pb－Ag－Gd 合金的阳极电位曲线互相交织，但总体说来，Pb－Ag－Pr 的析氧性能稍好。这与 Pb－Pr 合金的析氧电位较 Pb－Gd 合金低的规律(图 4－3)一致，说明 Ag 的加入未影响 Pr 和 Gd 性能的发挥。但是，相对于力学性能，三元合金中 Ag 与 RE 的协同作用不明显，在 Ag 含量低于 0.4% 时，稳定阳极电位较 Pb－Ag(0.6%)高。因此，从节能的角度考虑，三元合金中的 Ag 含量不能太低，选择 0.6% 比较适宜。

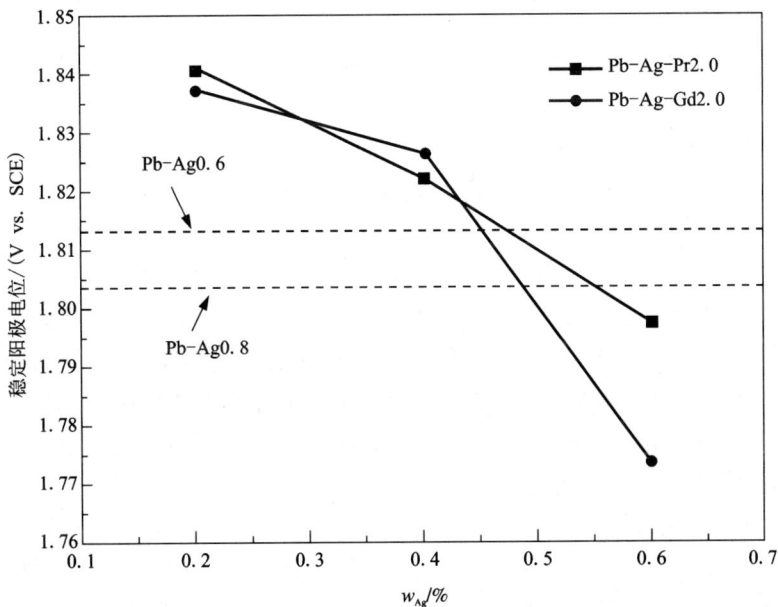

图 4－6　Pb－Ag－Pr 和 Pb－Ag－Gd 合金的稳定阳极电位

计算各阳极在恒流极化72 h后的腐蚀率，其结果如图4-7所示。与图4-4的结果类似，Pr和Gd降低了三元合金的耐腐蚀性能，即使在Ag含量相同时，三元合金的腐蚀率也大于二元合金的腐蚀率，且含Gd三元合金的腐蚀速率更大。但Ag对阳极腐蚀率的降低作用十分明显。当Ag含量从0.2%增加到0.6%时，Pb-Ag-Gd三元合金的腐蚀率从8.75 g/(m² · h)迅速降至4.63 g/(m² · h)，后者只有前者的52.9%。对于湿法冶金电积过程来说，阳极腐蚀率是一个极为重要的指标，它影响到阳极的使用寿命和阴极锌品质。因此，从腐蚀率的角度考虑，通过加入Gd和Pr来降低合金中的Ag含量的效果并不理想。

4.4.2 元素Nd对Pb-Ag合金阳极性能的影响

由上可知，Gd和Pr的加入，可以在一定程度上改善三元合金阳极的力学性能和析氧电催化性能，并降低合金的Ag含量，但两者都对合金的耐腐蚀能力产生了不利影响，提高了相同Ag含量三元合金的腐蚀率。因此，Gd和Pr还不是理想的合金元素。从Pb-Ag-Gd和Pb-Ag-Pr的实验结果还可以看出，Ag含量的变化对铅合金综合性能的影响显著，其含量不能过低。因此，在研究Pb-Ag-Nd合金时，选择Ag含量为0.6%和0.8%两种情况，重点考察Nd含量的变化对三元合金性能的影响。

（1）力学性能

图4-8为Pb-Ag-Nd合金的极限抗拉强度随Nd含量变化的曲线。从图中可以看出，元素Nd对三元合金力学性能的影响规律与二元合金一致（图4-2），即随着Nd含量的增加，合金的极限抗拉强度升高。且除个别点外，Ag和Nd对铅合金力学性能的改善作用具有协同效果，即相同Ag含量的三元合金的极限抗拉强度要高于二元合金。但Ag含量对两种合金元素的协同作用有影响，在Ag含量较低的情况下（0.6%），Nd含量变化对极限抗拉强度的影响更加明显。当Nd含量从0.1%增加至0.5%时，高Ag含量和低Ag含量三元合金的极限抗拉强度分别提高了47.4%和9.8%。尤其是在Ag和Nd的含量均较低时，三元合金的极限抗拉强度甚至低于相同Ag含量的二元合金，两者的强化作用互相抵消。总体来说，在Nd含量为0.5%时，两种Ag含量的三元合金的极限抗拉强度相差不大，但均大大高于同等Ag含量的二元合金。

（2）恒流极化特性

将Pb-Ag-Nd合金在160 g/L H₂SO₄溶液中以50 mA/cm²的电流极化72 h，获得各合金阳极的稳定阳极电位，结果如图4-9所示。随着Nd含量的增加，三元合金的稳定阳极电位下降，与Pb-Nd合金的影响规律一致。但与三元合金的力学性能结果类似，Nd对三元合金析氧性能的影响程度随着Ag含量的增加而变小，当Nd含量从0.1%增加至0.5%时，低Ag（0.6%）和高Ag（0.8%）含量三元

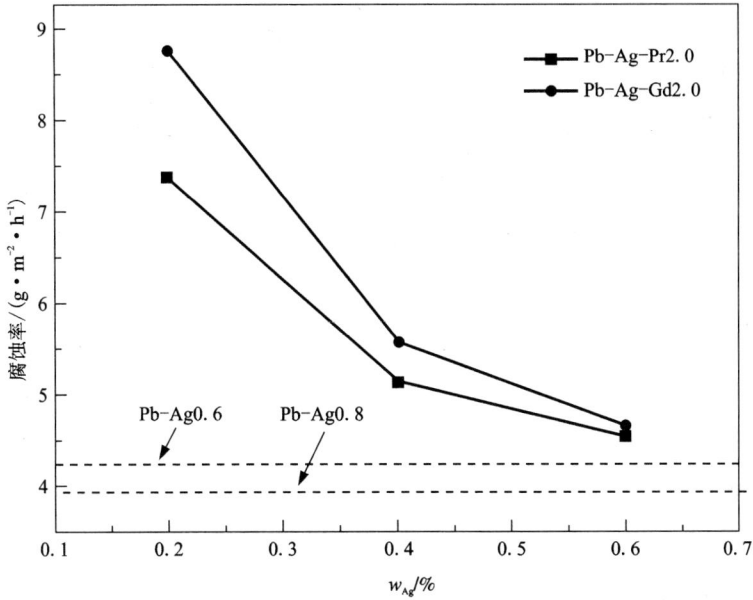

图 4 – 7　Pb – Ag – Pr 和 Pb – Ag – Gd 合金的阳极腐蚀率

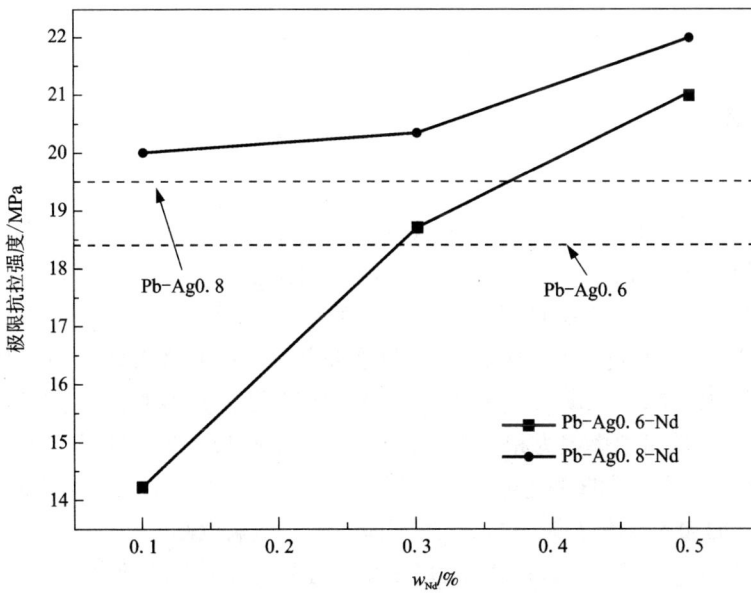

图 4 – 8　Pb – Ag – Nd 合金的极限抗拉强度

合金的稳定阳极电位分别降低了 124 mV 和 27 mV。同时，与 Pb - Ag 二元合金相比，在 Ag 和 Nd 的含量均较低时，Nd 的加入使合金的析氧性能变差，但当两者含量均较高时，Ag 和 Nd 对合金析氧电催化能力的改善作用又得到了叠加。这说明，当铅合金中同时存在 Ag 和 Nd 时，其相对含量对各自性能的发挥起重要影响。

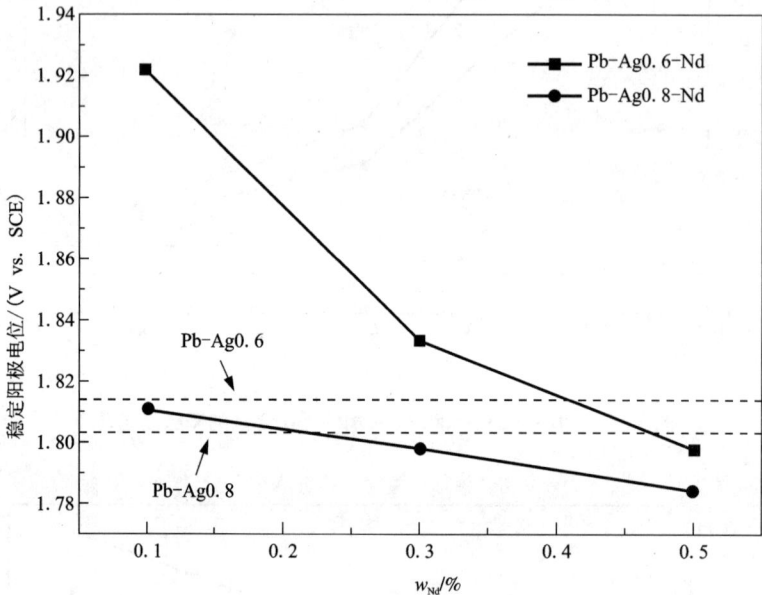

图 4 - 9　Pb - Ag - Nd 合金的稳定阳极电位

计算各阳极在恒流极化 72 h 后的腐蚀率，其结果如图 4 - 10 所示。与图 4 - 9 类似，Nd 对三元合金阳极腐蚀率的影响曲线呈"喇叭口"形状，这充分说明 Ag 和 Nd 在对三元合金性能的改善方面存在一个此强彼弱的关系，即当 Ag 含量较低时，Nd 的影响程度较大，而当 Nd 含量较低时，Ag 的影响程度又变大。与图 4 - 9 不同的是，在 Ag 含量为 0.8%，Nd 对三元合金的耐腐蚀能力改善明显，三元合金的最低腐蚀率仅为相同 Ag 含量二元合金的 42.5%。同时，与图 4 - 4 对比可以发现，Nd 含量的变化对二元合金和三元合金耐腐蚀能力的影响趋势相反，这说明 Ag 的加入改变了 Nd 对合金耐腐蚀性能的影响机制。

综合 Pb - Ag - Nd 合金的力学性能和电化学性能，从降低合金中贵金属 Ag 的含量出发，Pb - Ag(0.6%) - Nd(0.5%)合金可作为现行电积工业常用的 Pb - Ag(0.8%)合金阳极的可选替代阳极合金。此时，三元合金阳极的极限抗拉强度、阳极稳定电位和腐蚀率分别为 20.985 MPa、1.798 V 和 2.347 g/(m² · h)，分别是二元合金阳极的 113.9%、99.7% 和 59.9%，除析氧能力相当外，其他性能均有显著的提升。

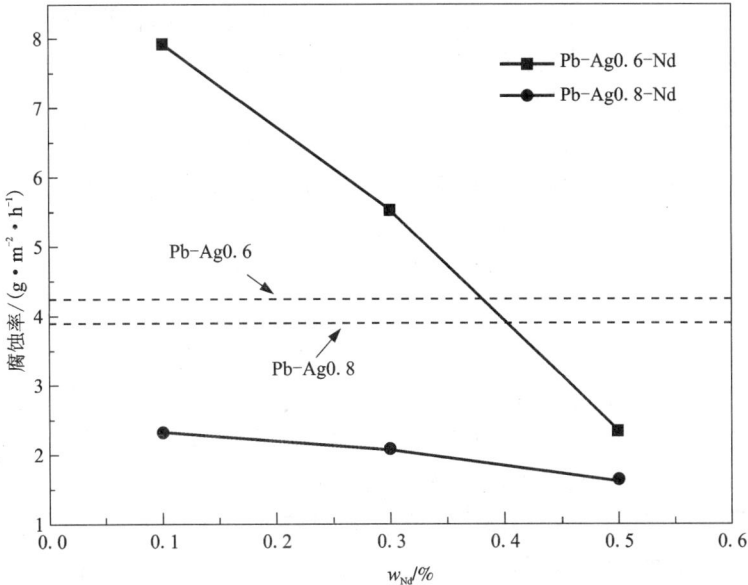

图 4 – 10　**Pb – Ag – Nd 合金的阳极腐蚀率**

4.5　RE 在铅合金中的强化机制

　　一般说来，金属的金相结构决定了金属的力学性能。往金属中加入其他合金元素来达到增加金属力学性能方法，大致可划分为细晶强化、固溶强化和第二相弥散强化三类[76]。

　　细晶强化认为多晶体结构的金属材料存在大量晶界，这些晶界属于面缺陷，可以有效阻碍位错的运动，从而增加金属在塑性变形时所需的应力。即多晶材料的屈服应力受晶粒的屈服应力和晶界额外能量共同影响。基于此，晶粒越小，晶界的面积就越大，对位错移动的阻碍作用也就越大，从而使整个金属多晶材料的屈服应力得到提升。Hall – Petch 定律[178]定量描述了这种细晶强化效果，认为材料屈服强度(σ)与晶粒尺寸(d)满足以下关系：

$$\sigma = \sigma_i + k \cdot d^2 \tag{4 – 2}$$

　　固溶强化就是往金属中加入可形成固溶体的合金，由于溶质原子与溶剂原子的尺寸不同，当溶质原子进入溶剂晶格中时，会使周围晶格发生变形，产生晶格畸变。晶格畸变增加了晶体的应变能，使位错在溶质原子处的移动需要更大的能量，从而提高了合金的塑性变形能力。

第二相弥散强化就是加入可与溶剂金属生成金属间化合物或在固态金属中几乎不溶的金属元素，生成大量的第二相弥散于基体中。由于第二相硬度高且高度弥散，在周围引起点阵畸变，从而阻碍了位错和缺陷的运动，大大提高了金属的强度。弥散强化的效果与第二相的分布均匀性及数量有关。

（1）Pb - RE 二元合金

图 4 - 11 为各 Pb - RE 二元合金和纯 Pb 的金相。从图中可以看出，纯 Pb 的晶粒粗大，且粒径和形状不规则。加入 RE 元素后，各合金的金相呈现如下特点：① α 固溶体（富 Pb 相）晶粒尺寸明显变小，且随着 RE 含量的增加而进一步减小，但固溶体的形状和大小仍然不规则；② 固溶体内部或晶界处出现了第二相，且随着 RE 含量的增加，第二相迅速增加。当 RE 含量达到 2.0% 时，第二相严重偏聚，甚至成块状析出，使分布的均匀性变差。根据上面的论述，可知 RE 对金属 Pb 的力学性能强化主要表现在细晶强化和第二相弥散强化。晶粒的大幅度减小和大量第二相的出现，阻碍了位错和缺陷的移动，增加了 Pb - RE 二元合金在塑性变形时所需的能量，从而提高了其力学性能（图 4 - 2）。

细晶强化方面，研究表明[99,179]，RE 属于表面活性类元素，在结晶过程中，它会吸附富集在晶界表面和晶界的边缘，降低了晶体长大时的表面能和形成临界尺寸晶核所需要的功，从而急剧增加结晶，使晶粒细化。这就是 Pb - RE 的晶粒尺寸变小的直接原因。从图中可以看到，各 RE 元素对晶粒的细化程度有明显的区别，其中，以 Pr 的细化效果最好[图 4 - 11(b, c, d)]。而 Nd 的细化晶粒效果最差[图 4 - 11(h, i, j)]，当 Nd 含量为 0.1% 时，Pb - Nd 合金的晶粒大小与纯铅的没有明显差别。这使得 Nd 细晶强化的效果不明显。

第二相弥散强化方面，由于 RE 具有很高的电化学活性，可以与许多元素形成稳定的化合物。当 RE 加入 Pb 中时，稀土元素只微溶于 α 固溶体，其余生成了 Pb_3RE、$PbRE$ 及 $PbRE_2$ 等金属间化合物[76,180]。这些金属间化合物熔点高、硬度大、结构复杂，若能均匀分布于基体中，则可大大提高金相的强度，起到弥散强化的作用。从图 4 - 11 可以看出，在 RE 含量较少，尤其是元素 Nd 和 Gd 较少时，相图中可看到大量深色的小点弥散于 Pb 基体中。这些深色的小点即为 Pb 与 Nd 和 Gd 反应生成的各种金属间化合物。当 RE 含量增加到 2.0% 时，金属间化合物发生偏聚，成块状析出，这可能会使铅合金在极化时发生点蚀，对合金的耐腐蚀能力不利。

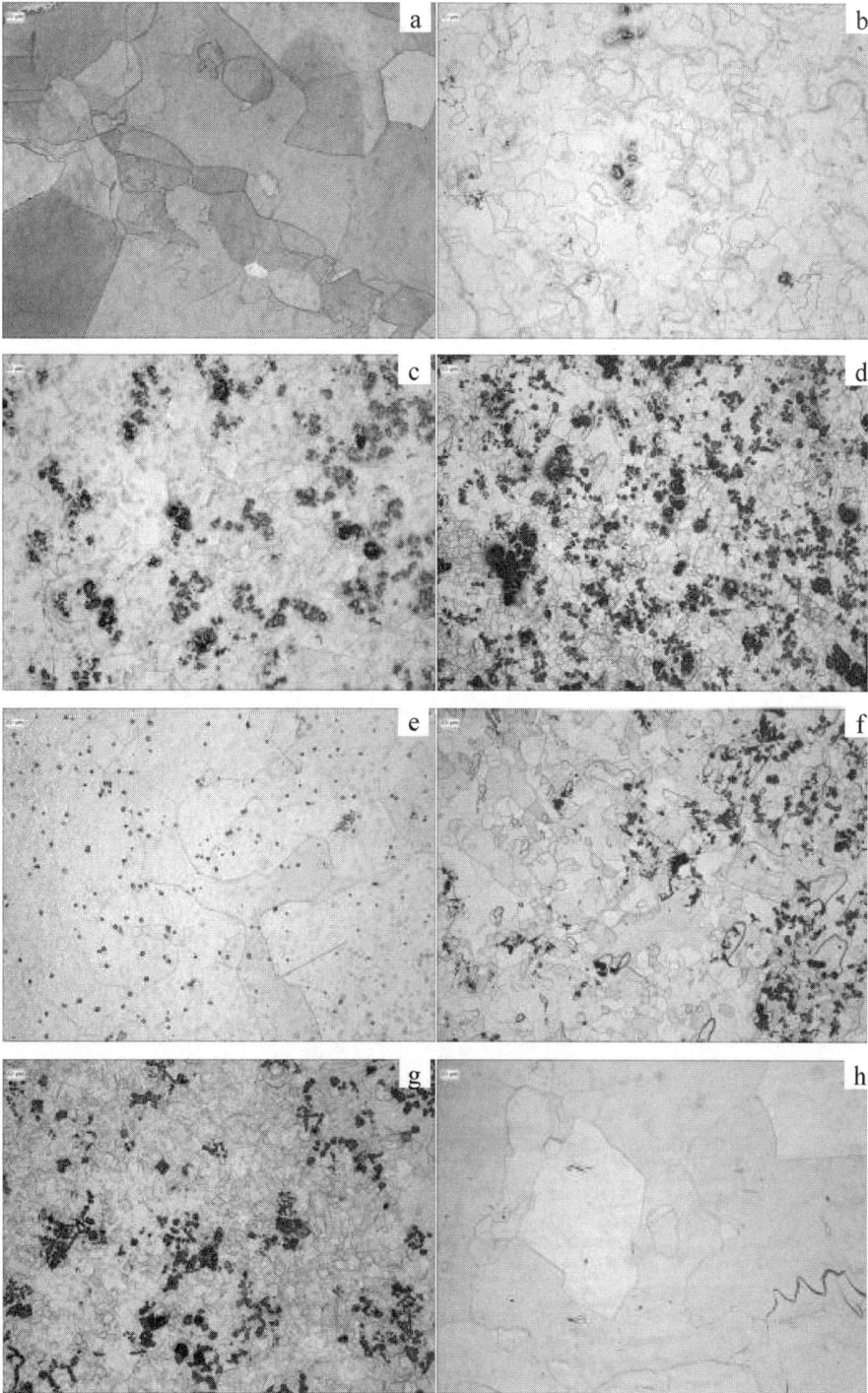

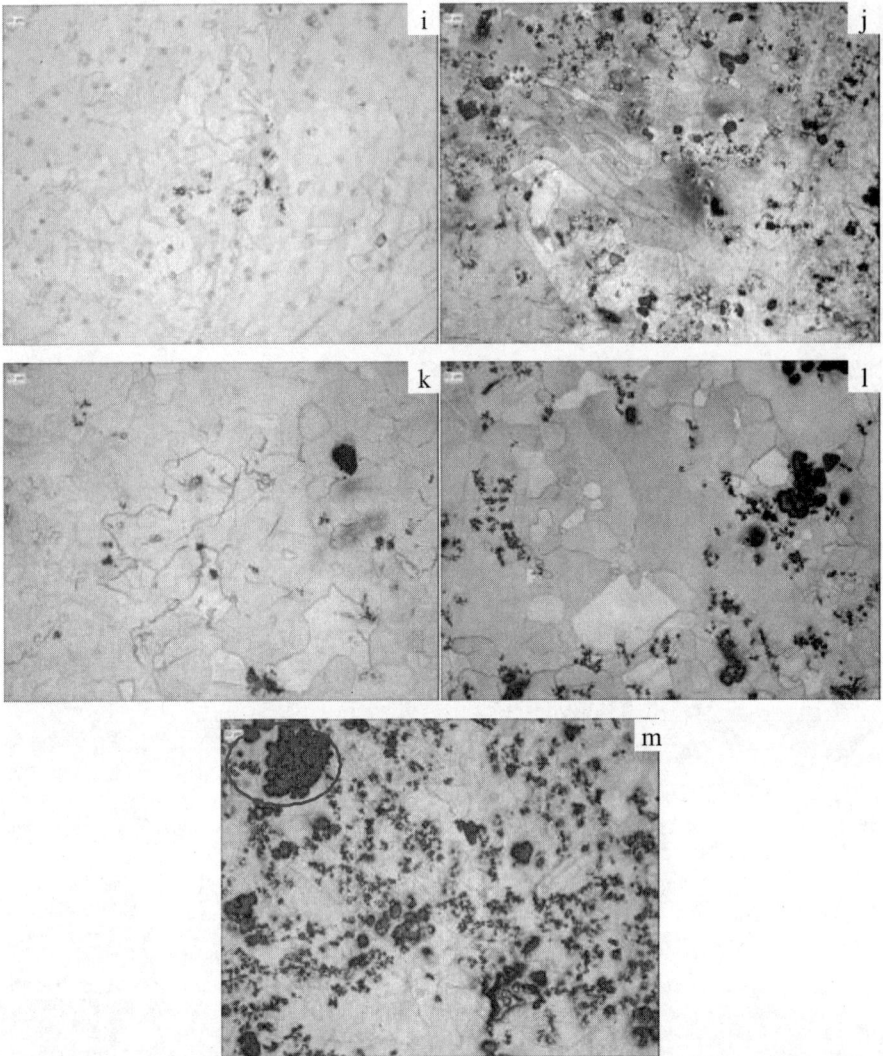

图 4 - 11 Pb 及 Pb - RE 二元合金的金相结构

(a—Pb; b, c, d—Pb - Pr0.1, Pb - Pr1.0, Pb - Pr2.0; e, f, g—Pb - Gd0.1, Pb - Gd1.0, Pb - Gd2.0;
h, i, j—Pb - Nd0.1, Pb - Nd1.0, Pb - Nd2.0; k, l, m—Pb - Sm0.1, Pb - Sm1.0, Pb - Sm2.0)

对比各类 RE 元素对铅合金金相结构的影响，可以发现，Pr 在细化晶粒方面效果最明显，主要表现为细晶强化，但在高含量时生成的第二相偏聚严重。而 Nd 对晶粒的细化作用有限，与 Pb 反应生成了大量弥散相均匀分布于基体中，虽然在含量较高时，也发生了第二相的部分富集，但块状析出物明显较少，且分布较均匀，主要表现为第二相弥散强化。元素 Gd 的两种强化机制同时存在，在低含量时以弥散强化为主,在高含量时,晶粒细化现象明显,同时发生了第二相的偏析。结合图 4 - 2 可知,由于第二相数量较少,且易发生偏析、富集,使得 Pb - RE 二元合金的力学性能主要还是由细晶强化作用决定。

(2) Pb - Ag - RE 三元合金

图 4 - 12 为 Pb - Ag - Nd 合金与 Pb - Ag0.8 合金的金相。从图中可以看出,相较 Pb - RE 二元合金来说,Pb - Ag 合金的金相结构十分独特。其 α 固溶体晶粒(亮色部分)为长条形,并且排列整齐。而在晶粒与晶粒之间,存在一定厚度的 Pb - Ag 共晶相。这种晶相结构使得 Pb - Ag 合金在受外力作用时易产生晶粒间的滑移变形,对强度不利。但与 Pb 比较,其晶粒尺寸大幅度变小,细晶强化作用明显,这也是 Ag 能够显著提高 Pb 的力学性能的原因。

RE 的加入对三元合金的晶粒形状和大小均产生了显著的影响,主要表现在以下几个方面:① 晶粒的形状由棒状渐变为不规则形状,晶粒内部均匀分布有大量的第二相(图 4 - 12);② 当 Ag 含量为 0.6% 时,晶界明显变薄[图 4 - 12(c)],即 Pb - Ag 共晶相减少,应当是部分 Ag 与 RE 反应生成了金属间化合物所至。同时,随着 RE 含量的增加,晶粒的尺寸迅速减小;③ 当 Ag 含量为 0.8% 时,RE 含量的变化对晶粒尺寸影响较小,但晶粒的形状均匀,晶界的厚度与 Pb - Ag(0.8%)无明显差别。以上现象说明,Pb - Ag - Nd 合金的强化是细晶强化和第二相弥散强化共同作用的结果。但 RE 的细晶强化作用与 Ag 的含量有关,当 Ag 含量较低时,细晶强化作用随着 RE 含量的增加而增强,而 Ag 含量较高时,RE 含量的变化对细晶强化作用影响较小,从而使得各 Pb - Ag - Nd 合金极限抗拉强度随 Nd 含量的变化曲线呈喇叭口形状。同时,第二相弥散强化作用普遍存在,也使得三元合金的极限抗拉强度较同等 Ag 含量的 Pb - Ag 合金高(图 4 - 8)。

产生上述现象的原因,是 RE 元素化学性质活泼,优先与 Pb 和 Ag 发生反应,生成金属间化合物[181],并均匀弥散于基体中,产生弥散强化。当合金中 Ag 含量较低时,结晶过程中,大部分 Ag 与 RE 发生反应生成了第二相。这使得 Pb - Ag 共晶的生成量减少,晶界变薄,合金的金相结构类似于 Pb[182]。此时,随着 RE 含量的增加,RE 作为表面活性类元素的作用逐渐得到发挥,晶粒的尺寸迅速变小。当 Ag 含量较高时,虽然部分 Ag 与 RE 生成了金属间化合物,Ag 与 Pb 形成的共晶增多,并在晶界偏析,使晶界变厚。此时,合金的金相结构类似于 Pb - Ag 合金,但 RE 元素的细化晶粒作用也同时发生,其均匀吸附在晶粒表面,从而增多结晶并抑制了晶粒的定向生长,使晶粒尺寸进一步变小,变均匀,形状也由 Pb - Ag 合金的棒状变为规则的球状。

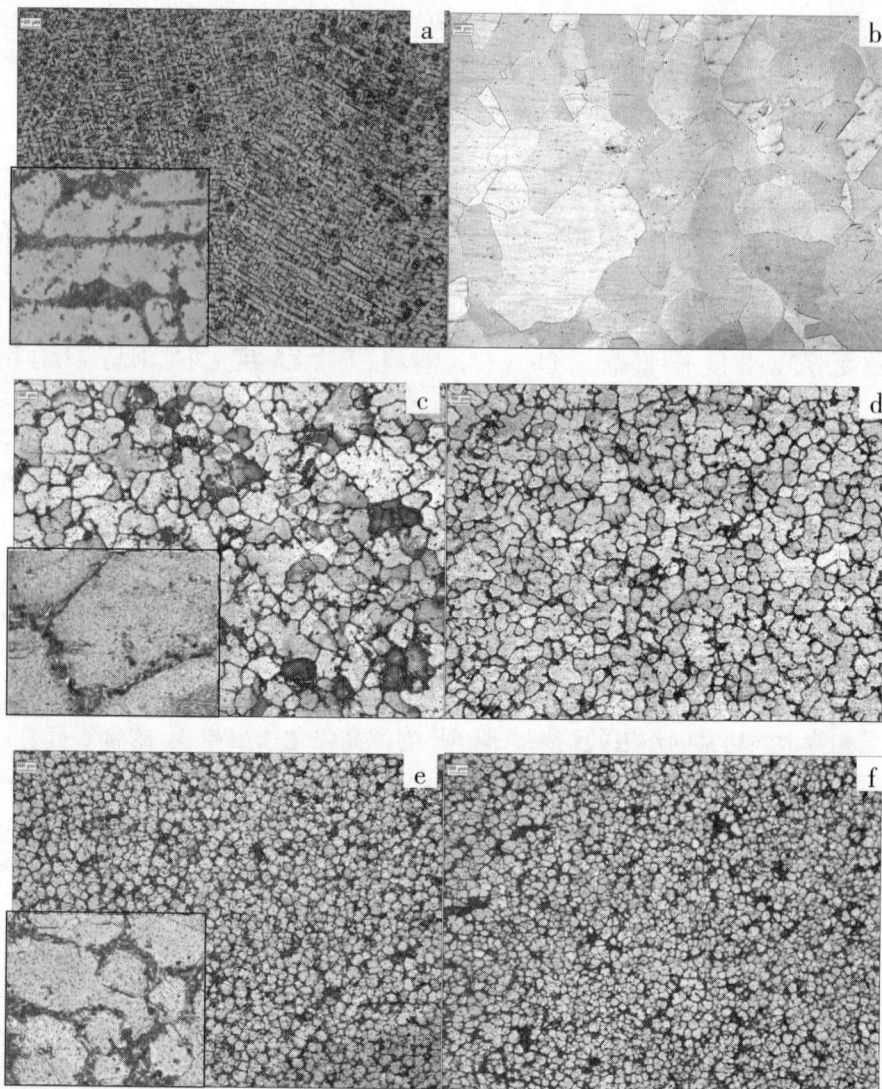

图 4 – 12　**Pb – Ag – Nd 及 Pb – Ag 合金的金相结构**

（a—Pb – Ag0.6；b—Pb – Ag0.6 – Nd0.1；c—Pb – Ag0.6 – Nd0.3；
d—Pb – Ag0.6 – Nd0.5；e—Pb – Ag0.8 – Nd0.1；f—Pb – Ag0.8 – Nd0.5）

4.6　RE 对铅合金阳极恒流极化特性的影响

作为一种湿法冶金用阳极，人们最关心的电化学性能就是其阳极电位和腐蚀率。对于铅合金阳极，在极化过程中，由于表面会生成一层稳定的氧化膜，使金属阳极变成了实质上的金属氧化物阳极。阳极表面氧化膜的结构、组成及表面形貌决定了其电化学性能。

一般说来，阳极电位由三部分决定:溶液电阻、膜层电阻和电化学反应阻抗。其中，溶液电阻为测试时鲁金毛细管与测试电极表面之间的电阻，只要保持每次距离相同，则溶液电阻的影响可不予考虑。膜层电阻由电极表面各氧化物组分的电阻决定。电化学反应电阻是阳极析氧过程中的极化阻抗，它与氧化膜的析氧电催化活性、析氧过程有关。而阳极腐蚀率主要由膜层的致密度决定。

(1)阳极腐蚀率

图 4 – 13 为各 Pb – RE 二元合金阳极在恒流极化($\rho_{H_2SO_4}$ = 160 g/L，i = 50 mA/cm^2)2 h 后的表面氧化膜形貌，描述如下:① 各氧化膜外壳均为鳞片状，尤其是纯铅。这种鳞片状结构的氧化膜在生长到一定厚度时，在氧气的冲刷作用下，容易从电极表面脱落，然后再生成新的壳，这对腐蚀极为不利。同时，对比各 RE 元素氧化膜外壳的情况，可知金属 Nd 的外壳最为致密且结合牢固，基本未发生破碎和脱落，这应当是 Nd 在含量低于 1.0% 时腐蚀率较纯铅大幅度降低的原因。而 Pb – Sm 合金表面基本未发现氧化膜外壳的存在，但在电解槽底部出现大量棕色的沉降物，这使得 Pb – Sm 合金的腐蚀率最高; ② 在 RE 含量较高时，各合金表面氧化膜出现了明显的局部腐蚀，形成一个个的"火山口"[图 4 – 13(d)]。从图中可以明显看出，在形成初期，腐蚀从膜层内部开始，生成的新相向外挤压、鼓包，使氧化膜发生龟裂。随着时间的推移，膜层被鼓破，碎裂的氧化物通过溶解和冲刷的作用进入电解液。最终，新相全部进入溶液，留下一个形如火山口的孔洞。大量局部腐蚀的存在，使表面的氧化物外壳被冲破，使得高 RE 含量的 Pb – RE二元合金的腐蚀率较纯铅显著提高; ③ RE 的加入，使内层氧化膜存在大量的针孔。针孔提供了电解液渗入基底的通道，将加剧阳极的腐蚀，造成低 RE 含量的二元合金的腐蚀率较纯铅略高。但对于 Pb – Nd 合金，由于外壳的保护、屏蔽作用，使针孔对其腐蚀率无影响。

结合图 4 – 11 各 Pb – RE 二元合金的金相图，可对上述现象作出如下解释: ① 各Pb – RE 二元合金的金相结构与纯铅基本类似。金属铅在极化过程中的最终产物为 PbO_2。由于其具有较大的摩尔体积，使氧化膜膨胀并产生内应力。不规则的晶粒形貌使氧化膜的内应力分布不均匀，造成膜层的开裂; ② RE 与 Pb 生成的金属间化合物中 RE 的含量很高，而 RE 化学性质活泼，造成金属间化合物耐硫酸腐蚀能力差。以第二弥散分布在基体中的金属间化合物在极化过程中会优先腐蚀，形成针孔; ③ 当 RE 含量较多时，RE 及其化合物在晶界大量偏析，甚至成片析出。在极化过程中，晶间腐蚀发生，对氧化膜造成极大破坏，形成了一个个"火山口"。

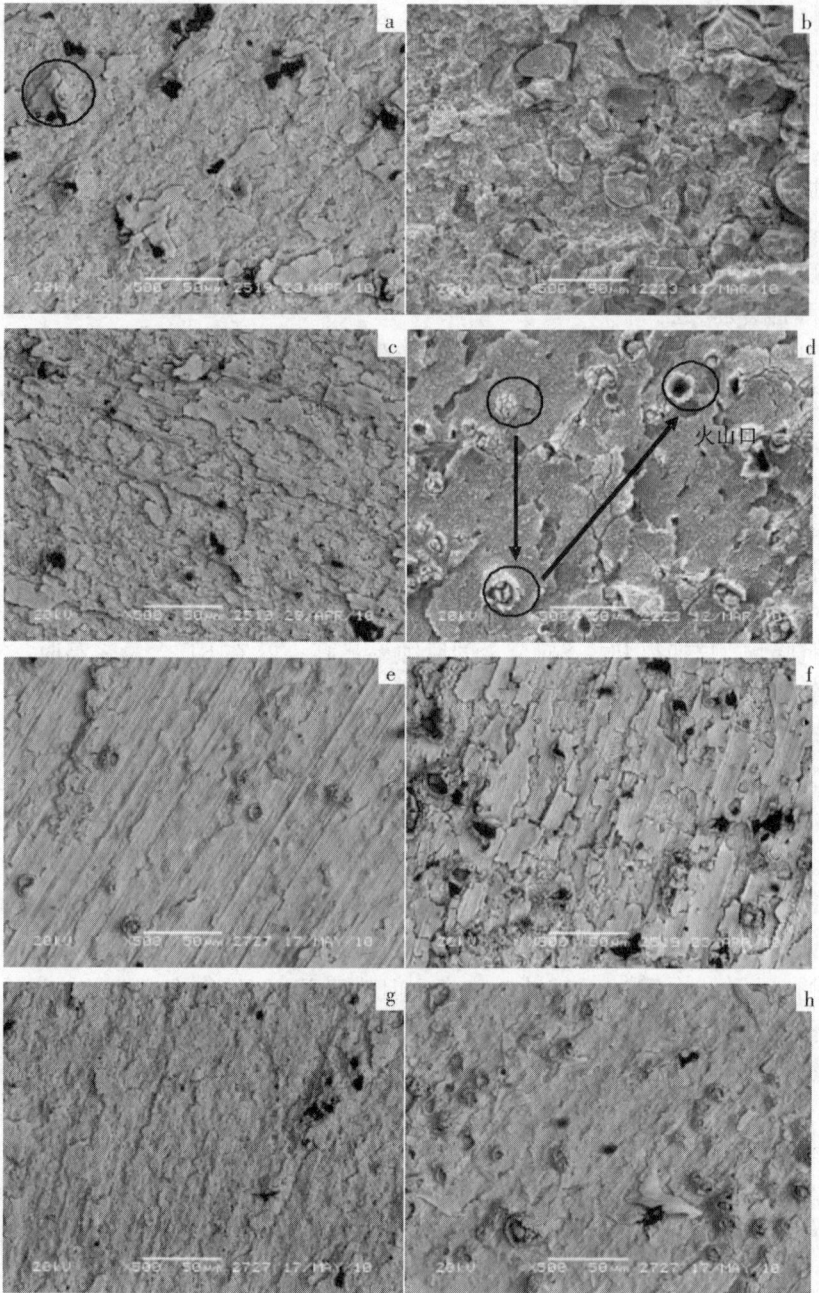

图 4 - 13 Pb - RE 二元合金的表面氧化膜形貌

(a，b—Pb - Pr0.1，Pb - Pr2.0；c，d—Pb - Gd0.1，Pb - Gd2.0；

e，f—Pb - Nd0.1，Pb - Nd2.0；g，h—Pb - Sm0.1，Pb - Sm2.0；i—Pb)

图 4 – 14 为 Pb – Ag – RE 合金阳极在恒流极化($\rho_{H_2SO_4}$ = 160 g/L, i = 50 mA/cm^2)2 h 后的表面氧化膜形貌。从图中可以看出，Pb – Ag 合金阳极表面氧化膜致密、平整，但也稍有碎片。而 Nd 的加入，将 Pb – Ag0.8 合金的晶粒细化、均匀化，使所得氧化膜更加致密、平整。由于晶粒形状也更加规则，使膜层的内应力分布均匀，减小了应力的集中，膜层未见明显的裂缝和碎片。以上结构使三元合金的耐腐蚀能力较纯铅和 Pb – RE 二元合金大幅度提升，且 Pb – Ag0.8 – Nd0.5 合金的耐腐蚀能力最好。但当 RE 和 Ag 含量均较低时[图 4 – 14(b)]，晶相结构偏向于 Pb，晶粒粗大、不规则，使表面氧化膜呈鳞片状，并发生部分脱落。同时，在新鲜的内层发现了针孔的存在，而其金相中也有大量第二相（图 4 – 12），说明前面的推断是合理的。

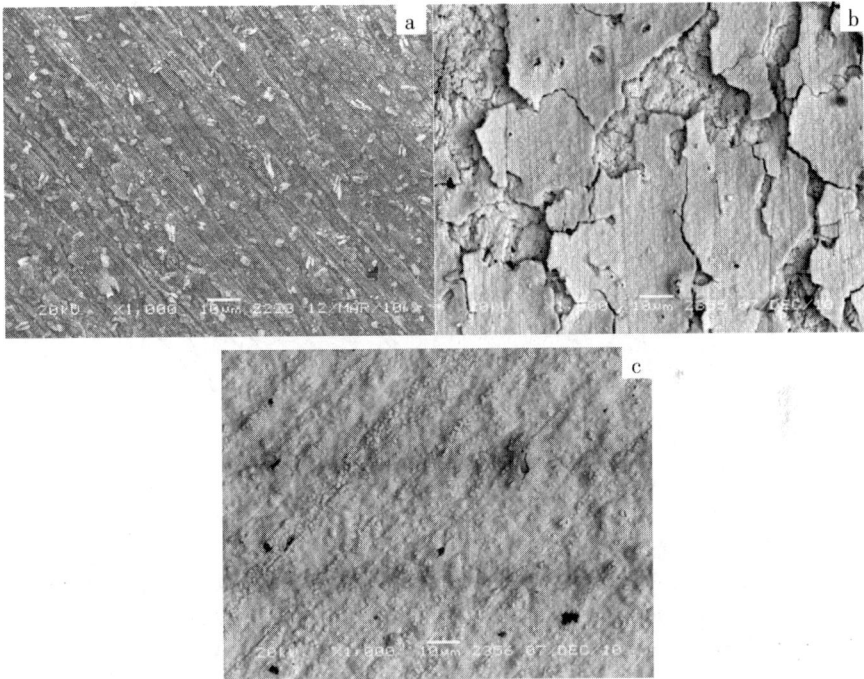

图 4 – 14　Pb – Ag – RE 的表面氧化膜形貌

(a—Pb – Ag0.8; b—Pb – Ag0.6 – Nd0.1; c—Pb – Ag0.8 – Nd0.5)

（2）阳极电位

由于铅合金阳极的实际工作电流密度大，阳极极化大，其电化学极化过程满足 Tafel 方程。人们也常通过 Tafel 方程的斜率来判断析氧过程的速控步骤[13,183]。

图 4-15 为 Pb-RE 合金的 Tafel 曲线。从图中可以看出,不同成分的合金均有 Tafel 线性区,且 Pb-RE 二元合金的 Tafel 曲线与纯铅阳极基本平行,而 Pb-Ag-RE 二元合金的 Tafel 曲线与 Pb-Ag 合金阳极平行。这说明各 RE 的加入对 Pb 和 Pb-Ag 阳极的析氧过程都没有影响。

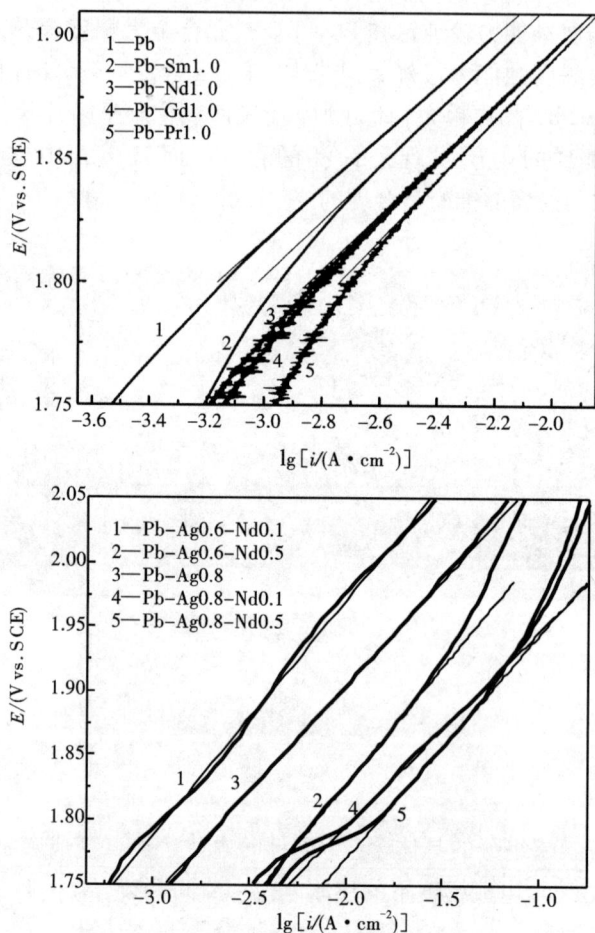

图 4-15 Pb-RE 合金阳极的 Tafel 曲线

对各 Tafel 区进行线性拟合,并根据式(3-11)求得各阳极 Tafel 曲线的 a、b 值,结果如表 4-1 和表 4-2 所示。从表中可以看出,各 Pb-RE 二元合金的 Tafel 斜率为 0.10~0.12 V/dec.,而 Pb-Ag-RE 合金的 Tafel 斜率为 0.15~0.18 V/dec.。一般认为,当 Tafel 的斜率接近或高于 0.12 V/dec. 时,阳极析氧过程由中间产物的生成和吸附过程控制[184-186]。因此,可以说,各 Pb-RE 合金阳极的析氧过程控制步骤是一致的。同时，从表中还可以看出，Pb - Ag - RE 合金的交换电流密度比 Pb - RE 二元合金高了 2 ~ 3 个数量级，达到相同反应速度的三元合金需要的极化程度要小，这说明三元合金阳极表面的氧化膜较二元合金具有更好的析氧电催化活性，可降低阳极析氧过电位。而金属 Nd 的加入，也在一定程度上增大了交换电流密度，表现出一定的析氧电催化能力。

表 4 - 1　Pb - RE 二元合金的 Tafel 曲线动力学参数值

合金成分	$a/(\mathrm{V \cdot dec.^{-1}})$	$b/(\mathrm{V \cdot dec.^{-1}})$	$i_0/(\mathrm{A \cdot cm^{-2}})$
Pb	0.871	0.113	1.96×10^{-8}
Pb - Sm1.0	0.883	0.105	3.89×10^{-9}
Pb - Nd1.0	0.888	0.124	6.90×10^{-8}
Pb - Gd1.0	0.891	0.113	1.30×10^{-8}
Pb - Pr1.0	0.874	0.114	2.15×10^{-8}

表 4 - 2　Pb - Ag - Nd 合金的 Tafel 曲线动力学参数值

合金成分	$a/(\mathrm{V \cdot dec.^{-1}})$	$b/(\mathrm{V \cdot dec.^{-1}})$	$i_0/(\mathrm{A \cdot cm^{-2}})$
Pb - Ag0.6 - Nd0.1	1.090	0.184	1.19×10^{-6}
Pb - Ag0.6 - Nd0.5	0.946	0.184	7.22×10^{-6}
Pb - Ag0.8	0.984	0.165	1.09×10^{-6}
Pb - Ag0.8 - Nd0.1	0.850	0.153	2.78×10^{-6}
Pb - Ag0.8 - Nd0.5	0.870	0.175	1.07×10^{-5}

　　为了获得各膜层组分的具体含量，用计时电位法测试了成膜 30 min 后的阳极氧化膜在 - 5 mA/cm² 电流密度下的还原电位 - 时间曲线，并按照 3.2.2 所示的方法计算各组分的还原电量，其结果如表 4 - 3 所示。

　　从表中可以看出，各 RE 元素对电极表面氧化膜组分的影响规律基本一致，即促进了 PbO_2 的生成，抑制了 PbO、$PbO \cdot PbSO_4$ 以及 $PbSO_4$ 的生成。在氧化膜层中，PbO 为高电阻物质，其电阻率高达 10^{11} $\Omega \cdot cm$，是膜层电阻的主要贡献者。膜层中 PbO 含量的减少，可以降低膜层的电阻，从而降低阳极电位，使各 Pb - RE 二元合金的阳极电位较纯铅合金低。同时，从图 4 - 13 可以发现，随着 RE 含量的增加，各氧化膜的表面的粗糙度有所增加，即增加了膜层的比表面积，降低了实际电流密度。实验室研究表明，实际电流密度的降低，可以减少阳极的极化程度,从而降低阳极电位。这使得各 Pb – RE 二元合金的稳定阳极电位随着 RE 含量的增加而降低。

表4 –3   各 Pb – RE 合金阳极表面氧化膜的还原电量/C

合金成分	PbO_2	PbO,$PbO \cdot PbSO_4$	$PbSO_4$
Pb	0.072	1.009	7.604
Pb – Pr0.5	0.324	0.252	0.072
Pb – Pr2.0	0.413	0.306	0.037
Pb – Nd0.5	0.216	0.203	——
Pb – Nd2.0	0.360	0.244	——
Pb – Gd0.5	0.126	0.577	1.802
Pb – Gd2.0	0.378	0.220	0.198
Pb – Sm0.5	0.234	0.270	0.144
Pb – Sm2.0	0.306	0.252	——
Pb – Ag0.8	0.126	0.360	3.441
Pb – Ag0.6 – Nd0.1	0.308	0.490	2.067
Pb – Ag0.8 – Nd0.1	0.077	0.181	2.081
Pb – Ag0.8 – Nd0.5	0.135	0.257	2.081

与 RE 元素相比,金属 Ag 也能抑制 PbO、$PbO \cdot PbSO_4$ 以及 $PbSO_4$ 的生成,但对 $PbSO_4$ 的抑制作用较 RE 差。需要指出的是,虽然 $PbSO_4$ 的导电性也很差,但其对阳极电位影响不大[136]。Pb – Ag 合金较纯铅阳极具有更低的阳极电位,是由于 Ag^+ 能进入膜层中,并参与电化学反应发挥其电催化作用,使析氧反应活化能降低[187]。往 Pb – Ag 合金中加入元素 Nd,使 Nd 对膜层的作用得到发挥,三元合金表面氧化膜中 PbO_2 的含量升高,而 $PbSO_4$ 的含量有所减少。但明显 Ag 对 Nd 性能的发挥有一定程度的抑制,且这种抑制作用随着 Ag 的升高而增强。

图4 –16 和图4 –17 为各铅合金阳极在 50 mA/cm^2 的电流密度下极化 12 h 后的表面氧化膜的 XRD 图谱。从图中可以看出,各阳极氧化膜的组成差不多,主要包括 PbO_2、$PbSO_4$ 及 PbO,这与计时电位法的测试结果一致。图谱中 Pb 峰的出现是由于膜层厚度较薄或者不够致密,X 射线可穿过膜层到达基底。同时,也可以发现,PbO_2 具有两种晶型(α 型和 β 型)。其中,α – PbO_2 为斜方晶系,晶粒尺寸小,导电性差,但具有较 β – PbO_2 更好的析氧电催化活性。而 β – PbO_2 为正方晶系,晶粒尺寸大,但其导电性较 α – PbO_2 好[188]。一般说来,α – PbO_2 在碱性环境中生成,而 β – PbO_2 在酸性环境中生成。在铅合金阳极的氧化膜中,α – PbO_2 为

膜层内部的 PbO 的氧化产物，β – PbO$_2$ 为 PbSO$_4$ 的氧化产物。从图中可以看出，相对于纯铅阳极，金属 Ag 使 XRD 图谱中 α – PbO$_2$ 的特征峰明显增强，这表明电极表面氧化膜中 α – PbO$_2$ 的相对含量有所增加，从而使氧化膜的析氧电催化活性增强，有利于降低阳极析氧电位。而金属 Nd 使 α – PbO$_2$ 特征峰的强度有所降低，同时 β – PbO$_2$ 的特征峰强度有所升高，说明 Nd 的存在对 β – PbO$_2$ 的生成有利。但总体说来，Pb – Ag – RE 合金经过 12 h 极化后，表面氧化膜中的 α – PbO$_2$ 的相对含量有所增加，从而增加了电极的析氧电催化活性，这是在膜层阻抗差不多的情况下，Pb – Ag – RE 合金的阳极电位较 Pb – RE 二元合金低的原因之一。

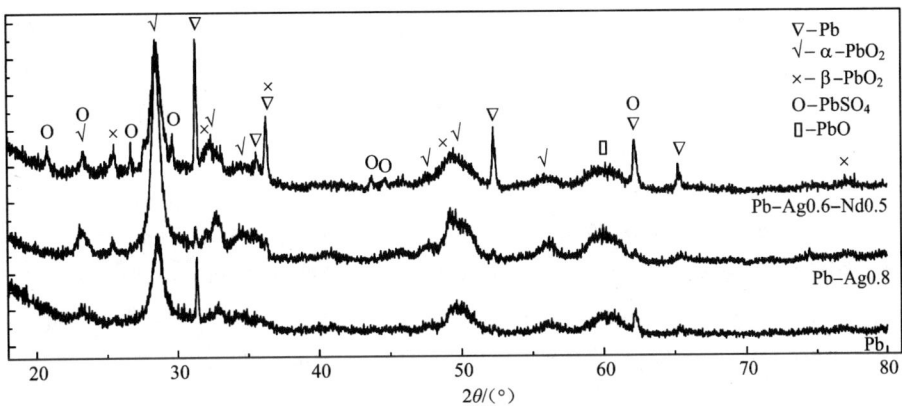

图 4 – 16　不同成分铅合金表面氧化膜的 XRD 图谱

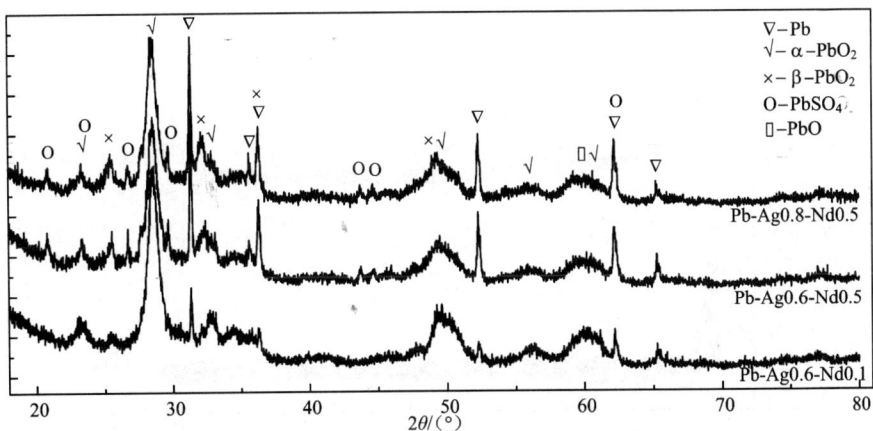

图 4 – 17　Pb – Ag – Nd 合金表面氧化膜的 XRD 图谱

92 湿法冶金用多孔铅合金阳极

4.7 Pb – Ag – Nd 多孔阳极的性能

从前面的实验结果可知，Pb – Ag(0.6%) – Nd(0.5%)合金可以提高铅合金的力学强度、耐腐蚀性能和析氧能力，是一种较现行工业上广泛应用的 Pb – Ag(0.8%)合金阳极性能更加优越、成本更低的新型铅合金阳极。以此成分合金为原料，利用反重力渗流法制备了孔径为 1.43 ~ 1.60 mm 的多孔阳极，并测试其性能。

将 Pb – Ag(0.6%) – Nd(0.5%)合金多孔材料线切割成扁平状测试样，测试获得样品的极限抗拉强度为 10.1 MPa，较同孔径 Pb – Ag(0.8%)合金多孔材料的极限抗拉强度(9.6 MPa)有所提高，这是构成多孔材料的致密金属力学性能提高了的结果，说明通过改善铅合金的力学性能来增强铅合金多孔材料的力学性能的方法是可行的。

图 4 – 18 为 Pb – Ag(0.6%) – Nd(0.5%)合金多孔阳极在 160 g/L 溶液中以 50 mA/cm^2 的电流密度极化 72 h 的电位曲线。从图中可以看出，Pb – Ag – Nd 合金多孔阳极的阳极电位在 10 h 左右基本稳定，后段曲线与 Pb – Ag(0.8%)合金多孔阳极基本重合，这与两种合金析氧活性相当的结论一致。但其稳定阳极电位较 Pb – Ag 传统平板阳极低了约 105 mV，表现出很好的节能潜力。

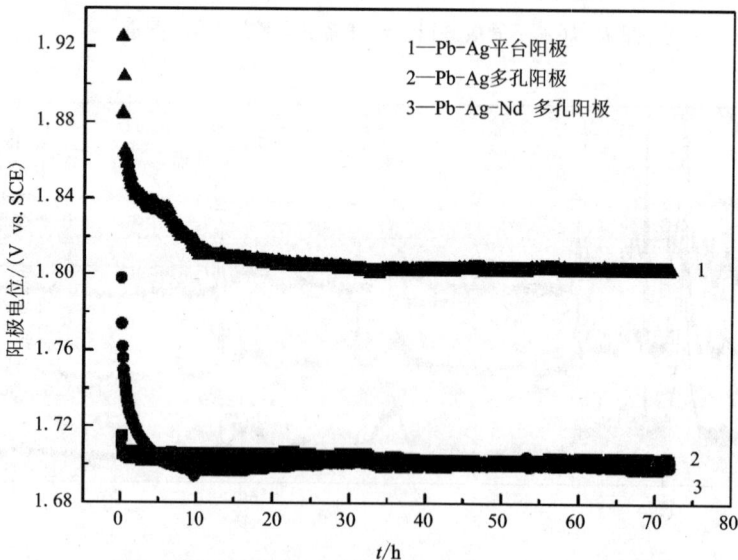

图 4 – 18　Pb – Ag(0.6%) – Nd(0.5%)多孔阳极的恒流极化曲线

测试极化 72 h 后电解液中的 Pb 浓度,采用元素平衡法计算得到多孔阳极的腐蚀速率为 0.615 g/(m² · h),较同孔径的 Pb－Ag 合金多孔阳极腐蚀速率[0.665 g/(m² · h)]低,这有利于进一步降低阴极锌中的 Pb 含量和延长阳极的使用寿命。

4.8 本章小结

(1)RE 元素通过细晶强化和第二相弥散强化作用,显著提高了 Pb－RE 二元合金的力学性能,其极限抗拉强度随着 RE 含量的增加而增大。各 RE 元素对二元合金的强化机制稍有差异:元素 Pr 在细化晶粒方面效果最明显;元素 Nd 对晶粒的细化作用有限,但与 Pb 生成大量分布均匀的弥散相,主要表现为第二相弥散强化;元素 Gd 在低含量时以弥散强化为主,在高含量时,细晶强化作用明显。但总的说来,由于第二相大部分在晶界偏析,使各 Pb－RE 二元合金的弥散强化作用较弱,力学性能主要由细晶强化作用决定,各 Pb－RE 二元合金按抗拉强度从大到小排序为:Pb－Pr 合金＞Pb－Gd 合金＞Pb－Sm 合金＞Pb－Nd 合金。

(2)除低 Nd 含量 Pb－Nd 合金外,各 Pb－RE 二元合金的耐腐蚀性能均较纯Pb 差,且腐蚀率随着 RE 含量的增加而增大。由于 RE 与 Pb 生成的金属间化合物(Pb_xRE_y)不耐腐蚀,基体中的弥散相发生点蚀而使表面氧化膜内层布满针孔,晶界处的偏聚相会发生晶界腐蚀,使氧化膜严重破坏,并形成"火山口",这些造成了 Pb－RE 二元合金的严重腐蚀。元素 Nd 在含量低于 1.0% 时,与 Pb 生成的第二相较其他元素分布均匀,偏聚少,没有晶界腐蚀对氧化膜外壳的挤压、破坏,使氧化膜外壳致密、平整,屏蔽了内层针孔与电解液的接触,其腐蚀率较纯Pb 低。

(3)RE 元素的加入未改变金属 Pb 的阳极析氧速控步骤,但可抑制氧化膜中高阻抗组分 PbO 的生成,降低阳极膜层阻抗,使 Pb－RE 二元合金的阳极电位较纯铅阳极低。同时,随着 RE 含量的增加,阳极表面氧化膜的比表面积增大。两者共同作用,使 Pb－RE 二元合金阳极的阳极电位随合金中 RE 含量的增加而降低。

(4)Nd 的加入抑制了 Pb－Ag 合金晶粒生长的各向异性,晶粒由棒状变为尺寸小而均匀的球状。同时,RE 能与 Pb 和 Ag 反应生成大量的金属间化合物,并均匀弥散于基体中。在细晶强化和第二相弥散强化的共同作用下,Pb－Ag－Nd 合金的抗拉强度较相同 Ag 含量的 Pb－Ag 合金抗拉强度高。但当 Ag 和 RE 含量均较低时,大部分 Ag 与 RE 互相反应生成了第二相而消耗,使合金的金相结构与Pb 类似,其抗拉强度变差。

(5)Pb－Ag－Nd 合金粒的均匀、规则和细化,有利于表面氧化膜内应力的释放和均匀，使合金表面氧化膜致密、平整，阳极的耐腐蚀性能提高。同样，在 Ag 和 Nd 含量较低时，由于 Ag 和 Nd 的互相抵消作用，其表面氧化膜与 Pb 类似，耐腐蚀能力变差。

（6）Nd 的加入未改变 Pb – Ag 合金的阳极析氧速控步骤，但在一定程度上抑制了 PbO 的生成，降低了膜层的阻抗。同时，Ag 增加了膜层中 α – PbO$_2$ 的相对含量，提高了膜层的析氧电催化活性，从而降低了膜层的电化学极化阻抗。两者的共同作用使 Pb – Ag – Nd 合金的阳极电位降低。

（7）综合 Pb – Ag – RE 合金各方面的性能，获得了一种低 Ag 含量、低阳极电位、高耐腐蚀能力和高力学性能的 Pb – Ag – Nd 三元合金，其各组分含量分别为：Ag 0.6%，Nd 0.5%，余量为 Pb，其极限抗拉强度、稳定阳极电位和腐蚀率为 20.985 MPa、1.798 V 和 2.347 g/(m^2 · h)，分别为目前工业上广泛使用的 Pb – Ag(0.8%)阳极的 113.9%、99.7% 和 59.9%。

（8）由于基体金属性能的增强，Pb – Ag(0.6%) – Nd(0.5%)合金多孔阳极的性能较 Pb – Ag(0.8%)合金多孔阳极有所提升，当孔径为 1.43～1.60 mm时，其极限抗拉强度、稳定阳极电位和腐蚀率分别为 10.1 MPa、1.698 V 和 0.615 g/(m^2 · h)。

第 5 章　多孔铅合金阳极在锌电积中应用的关键技术

5.1　引言

在锌电积过程中，人们常在电解液中加入 3 ~ 5 g/L 的 Mn^{2+}。这些 Mn^{2+} 在阳极极化过程中会氧化成 MnO_2（阳极泥的主要成分），并部分附着在阳极表面形成 $PbO_2 - MnO_2$ 保护层，起降低铅阳极腐蚀率的作用。但是，随着电解的进行，阳极表面的阳极泥会逐渐积累，过厚的阳极泥将大幅度增加槽电压，从而增加能耗。对于多孔阳极而言，虽然多孔阳极可以降低 Mn^{2+} 的贫化，但阳极泥的积累不可避免，其孔洞将逐渐阻塞，使阳极的多孔特性得不到发挥，槽电压逐渐向传统平板阳极逼近。因此，需要定期清洗阳极板。

目前，传统平板阳极的清板周期一般为 15 天左右，且都是靠人工铲除，这无疑增加了工人的劳动强度。因此，需要尽量延长阳极的清板周期。同时，由于多孔阳极为三维电极，电极内部的阳极泥用现有的机械法清洗较为困难。故需要开发一种适用于多孔阳极的阳极泥清除方法，这也是多孔铅合金阳极在走向工业应用时必须解决的问题。

一般说来，Mn^{2+} 贫化率与电解液中 Mn^{2+} 的含量成正比。故可充分利用多孔阳极可降低阳极腐蚀率的特点，在保证多孔阳极能挂附足够量的阳极泥，阳极腐蚀率不提高的前提下，尽量降低电解液中的 Mn^{2+} 浓度，减缓多孔阳极的孔洞阻塞速度，延长阳极清洗周期，降低劳动成本。同时，研究也发现，MnO_2 可以与 $FeSO_4$ 反应生成 $MnSO_4$，这为采用 $FeSO_4$ 溶液溶蚀法去除阳极表面阳极泥提供了理论基础。

5.2　电解液中 Mn^{2+} 浓度对多孔阳极应用特性的影响

5.2.1　Mn^{2+} 浓度对阳极电位和槽电压的影响

各阳极的阳极电位随时间的变化趋势如图 5 - 1 所示。从图中可以看出，各阳极的阳极电位在电解实验初期从较低值迅速上升，随后基本稳定但略有增加。

这是由于在电解初期，电极表面在析出 O_2 的同时，发生了一系列成膜反应，主要为 $Pb \rightarrow PbO_2$ 和 $Mn^{2+} \rightarrow MnO_2$ 两个过程。在此过程中，电极由纯金属电极慢慢变成结构为 $Pb/PbO_2 - MnO_2$ 的金属氧化物电极，金属基底与电解液隔离，电极表面发生钝化。由于 MnO_2 的电阻率高，且膜层中 MnO_2 的量随着时间的延长而迅速增加，这使得电极的膜层电阻逐渐升高，阳极电位也随之升高。电解约 10 h 之后，电极表面膜层成分已基本稳定，阳极电位的变化随之放缓。但 MnO_2 的生成随着电解的进行仍在继续，并在阳极表面有所积累，这使得阳极电位随着时间的延长而稍有增加。

从图中还可以看出，不同的 Mn^{2+} 浓度下，多孔阳极的阳极电位均要较传统平板阳极低，这是多孔阳极比表面积大的结果。计算电解 72 h 各阳极的平均阳极电位，结果如表 5 - 1 所示。可以发现，多孔阳极的平均阳极电位随着电解液中 Mn^{2+} 浓度的增大呈先减小后增加的趋势，并在 Mn^{2+} 浓度为 2 g/L 时达到最低值，较传统平板阳极降低了 72 mV。这可能是由于电极表面生成的 MnO_2 除了能够保护阳极不受腐蚀外，也表现为一种析氧电催化剂。电解液中 Mn^{2+} 浓度影响了氧化膜的形成过程，从而影响了混合氧化物层中 PbO_2 和 MnO_2 的相对含量以及膜层的表面形貌。当 Mn^{2+} 浓度为 2 g/L 时，电极表面生成的氧化膜最有利于 O_2 的析出，从而使阳极电位最低。

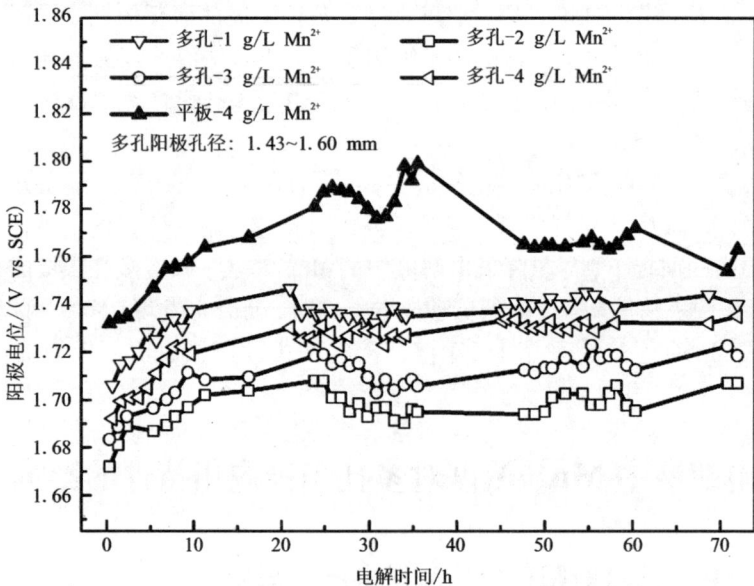

图 5-1 不同 Mn^{2+} 浓度时各阳极的阳极电位

表 5 - 1　不同 Mn^{2+} 浓度时各阳极的平均阳极电位

电解液中 Mn^{2+} 含量 /$(g \cdot L^{-1})$	多孔阳极				平板阳极
	1	2	3	4	4
平均阳极电位/(V vs. SCE)	1.735	1.696	1.709	1.726	1.768

图 5 - 2 记录了各阳极在不同的 Mn^{2+} 浓度时槽电压随时间的变化。各槽电压的变化呈现出以下特点：①以 24 h 为一个周期，各周期的槽电位依次升高；②除第一个周期外，每个周期内的槽电位均随电解的进行呈逐渐减小的趋势；③电解液中 Mn^{2+} 浓度对多孔阳极的槽电压有影响，但多孔阳极的槽电压均较传统平板阳极低。

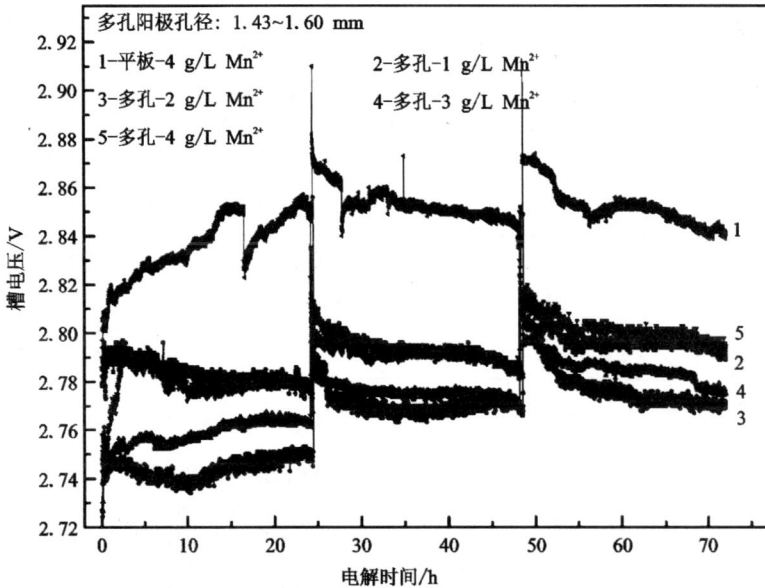

图 5 - 2　不同 Mn^{2+} 浓度时各阳极的槽电压

　　槽电压的组成包括阳极电位、阴极电位、溶液电阻电压降以及各种接触电阻电压降。如上所述，在第一个周期阳极表面生成氧化膜，发生钝化，这个过程使膜电压升高。同时，Mn^{2+} 贫化生成的 MnO_2 会部分悬浮在电解液中，使溶液电阻有所升高。两者共同作用，使槽电压在第一个周期内表现为逐渐上升的趋势。电解 24 h 后，阳极表面的膜层成分与电解液中的 MnO_2 颗粒的悬浮浓度基本稳定，只发生电极表面 MnO_2 的积累，膜层电阻随表面阳极泥的增厚而增加，表现为槽电压逐渐增大。每次剥锌后，金属 Zn 都需要在新鲜的 Al 表面重新成核、生长，并逐渐覆盖整个 Al 阴极表面，金属 Zn 的析出界面由 Al/溶液界面逐渐变成 Zn/溶液界面。由于金属 Zn 在自身表面更容易析出，使得每个周期开始时槽电压较高，然后逐渐下降。以上几方面因素的综合影响，使得槽电压的周期性变化十分明显，且每个周期的平均槽电压稍有升高。在槽电压的组成中，阳极电位占 60%以上，是影响槽电压的主要因素。多孔阳极由于比较面积的增大，可大大降低阳极电位，其槽电压虽然呈周期性变化，但总是比传统平板阳极低。

计算各阳极在 72 h 内的平均槽电压，结果如表 5 - 2 所示。与阳极电位的变化规律类似，多孔阳极的槽电压随电解液中 Mn^{2+} 浓度的增大而先降低后增加。当 Mn^{2+} 浓度为 2 g/L 时，槽电压取得最低值 2.764 V，较传统平板阳极低 83 mV。这进一步表明阳极电位是锌电积过程槽电压的主要影响因素。同时，研究也发现，实验室所测得的槽电压较工业报道的小，这可能有以下几个方面的原因：①实验室所用电解液远较工业电解液干净，溶液电阻小，减少了溶液电阻电压降；②各接触点连接充分，接触电阻也较现场小，减少了接触电阻电压降；③由于没有其他杂质的影响，实验室的阳极电位较现场要小。

表 5 - 2　不同 Mn^{2+} 浓度时各阳极的平均槽电压

电解液中 Mn^{2+} 含量 /(g·L^{-1})	多孔阳极				平板阳极
	1	2	3	4	4
平均槽电压/V	2.792	2.764	2.773	2.790	2.847

5.2.2　Mn^{2+} 浓度对阳极腐蚀率和阴极锌品质的影响

电解试验 72 h 后，将所有电解液汇集于废液槽，搅匀后取样分析电解液中的 Pb^{2+} 浓度，并量取废液的总体积，计算各阳极的腐蚀率，结果如表 5 - 3 所示。从表中可以看出，各多孔阳极的腐蚀率均较传统平板阳极小，且随着电解液中 Mn^{2+} 浓度的增加呈先减小后增大的趋势，在其浓度为 3 g/L 时取得最小值，只有传统平板阳极的 52.1%。

表 5 - 3　不同 Mn^{2+} 浓度时各阳极的腐蚀率

电解液中 Mn^{2+} 含量 /(g·L^{-1})	多孔阳极				平板阳极
	1	2	3	4	4
阳极腐蚀率/(g·m^{-2}·h^{-1})	1.14	0.96	0.84	0.97	1.63

　　将电解 72 h 的阳极从电解液中取出，清水冲洗后烘干，利用扫描电子显微镜观察表面氧化膜的形貌，如图 5 - 3 所示。从图中可以看出，电极形状和 Mn^{2+} 浓度对氧化膜形貌产生了显著的影响。

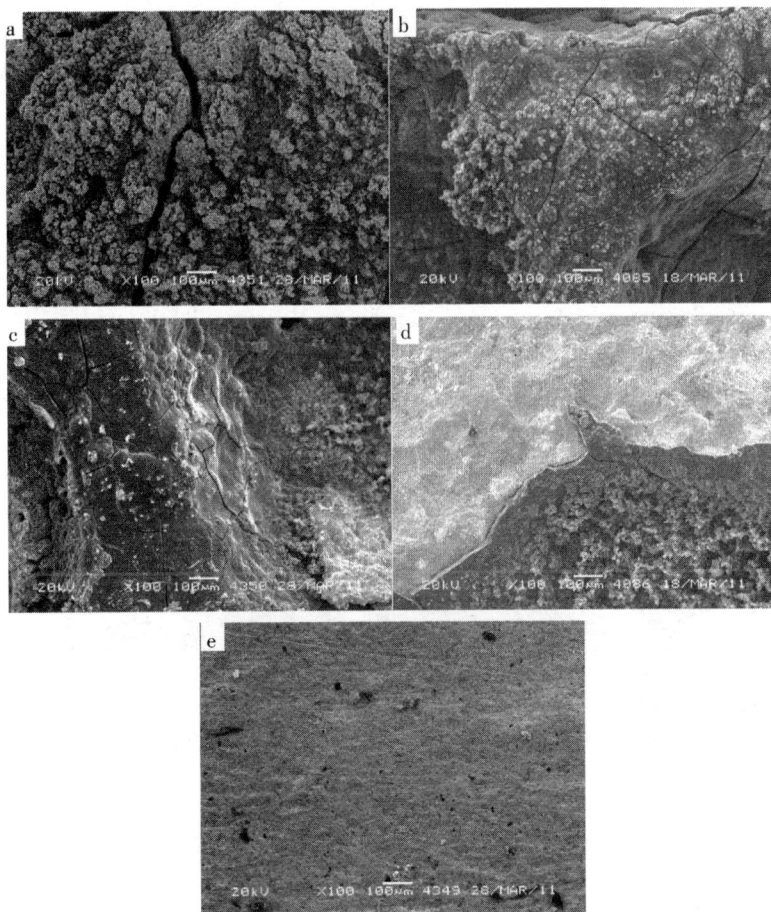

图 5 - 3　各阳极在不同 Mn^{2+} 浓度时的表面氧化膜形貌

(a、b、c、d—Mn^{2+} 浓度分别为 1、2、3、4 g/L 时的多孔阳极；
e—Mn^{2+} 浓度为 4 g/L 时的传统平板阳极)

　　对于多孔阳极，在 Mn^{2+} 浓度较低时，Mn^{2+} 的贫化量较少，电极表面氧化膜中 MnO_2 的含量相对较少。而膜层中的 PbO_2 一般是从 $PbSO_4$ 氧化而来，此过程为一个体积缩小的过程，从而使得膜层的致密性较差。从图 5 - 3(a) 可以看出，电极表面氧化膜表面疏松，布满小颗粒，且裂缝较宽，由 EDS 分析可知，氧化膜表面为 PbO_2 和 MnO_2 混合物。一方面，疏松结构和小颗粒使氧化膜耐 O_2 的冲刷能力变差，颗粒容易进入电解液，膜层的不断冲刷需要基底持续的氧化来修补；另一方面，氧化膜层开裂，破坏了保护层的完整性，电解液可以从裂缝进入膜层内部，与基体接触造成腐蚀。这两个方面的综合作用，使低 Mn^{2+} 浓度时阳极的腐蚀速率较大。随着电解液中 Mn^{2+} 浓度的增加，其贫化量增大，氧化膜层中 MnO_2 相对含量也增加。膜层体积缩小量减少，且可被生成的 MnO_2 修补，内应力减小，从而使得氧化膜层较为致密，裂纹也逐渐减少、变窄。此时，膜层可以很好地将电极基体与电解液隔绝，有利于降低阳极的腐蚀率。但随着溶液中 Mn^{2+} 浓度的进一步增加（4 g/L 时），MnO_2 在电极表面的迅速积累使氧化膜内外成分差异较大而起壳，在内应力的作用下表层膜开裂、脱落，露出 PbO_2 相对含量较大的内层[图 5 - 3(d)]，使阳极腐蚀率反而增大。

对于传统平板阳极，由于电极表面真实电流密度较多孔阳极大，Mn^{2+} 的贫化量增大，使氧化膜的表层更加容易开裂、脱落。从图 5 - 3(d) 可以看出，传统平板阳极内层氧化膜大量裸露，只能发现少量外层膜碎片。同时，由于真实电流密度的差异，其内层膜较多孔阳极的更加疏松、多孔（图 5 - 4）。两方面的共同作用，使传统平板阳极的腐蚀率较多孔阳极高。

图 5 - 4　阳极氧化膜内层的表面形貌

（a—多孔阳极；b—平板阳极）

阳极的腐蚀率直接决定了电解液中 Pb^{2+} 的浓度，从而影响其在阴极的析出。一般说来，在电解的前期，由于阳极表面氧化膜是一个逐渐稳定的过程，其腐蚀率会随着时间的延长而逐渐降低最后趋于稳定。实验中也发现，在 3 天的电解实验中，从电解槽出液口所取样品中的 Pb^{2+} 浓度随着电解的进行而有所减小，这使得 Pb^{2+} 在阴极的放电电流减小，锌中的 Pb 含量也随之减少。测试各天获得的阴极锌中 Pb 含量，其结果如表 5 - 4 所示。各阳极所对应阴极锌中的 Pb 含量随着电解时间的延长而减少，随着电解液中 Mn^{2+} 含量的增加而先减小后增大，在 Mn^{2+} 为 3 g/L 时达到最小值。基于此，工业上在新阳极板正式投入使用之前，一般都要在低电流密度下对阳极板进行 24 h 的预镀膜处理。从表 5 - 4 中可以发现，当 Mn^{2+} 浓度大于 1 g/L 时，多孔阳极在第 3 天所产阴极锌中的 Pb 含量较传统平板阳极少。因此，在长时间的电解过程中，电解液中的 Mn^{2+} 浓度只要大于 1 g/L 即可。

表 5 - 4　阴极锌中的铅含量(10^{-6})

阳极	Mn^{2+} 含量/$(g \cdot L^{-1})$	电解时间/h		
		24	48	72
多孔阳极	1.0	117.6	72.2	58.9
	2.0	84.6	64.6	42.6
	3.0	54.4	49.1	33.9
	4.0	75.3	63.4	34.0
平板阳极	4.0	66.9	55.8	54.1

5.2.3　Mn^{2+} 浓度对阴极电效和能耗的影响

按式(3 - 8)和式(3 - 9)计算各阳极对应的阴极电流效率和吨锌能耗，其结果如表 5 - 5 所示。从表中可以看出，多孔阳极的阴极电流效率随着电解液中 Mn^{2+} 浓度的增加而略有增大，当 Mn^{2+} 浓度不小于 3 g/L 时，其数值与传统平板阳极相当。同时，实验室所得阴极电流效率较工业现场的低(一般为 90% 左右)，这是由于阴、阳极面积较小，极板之间由于边沿效应使电力线比较分散，影响了 Zn^{2+} 在阴极放电的缘故。

虽然多孔阳极的槽电压均较传统平板阳极低，但能耗还与阴极电流效率有关，当电流效率减小时，其能耗就会增加。故为了不增加能耗，电解液中的 Mn^{2+} 浓度不能过低，选择 3 g/L 左右较为合适。

表 5 - 5　不同 Mn^{2+} 浓度时各阳极所对应的阴极电流效率和吨锌能耗

电解液中 Mn^{2+} 含量 /$(g \cdot L^{-1})$	多孔阳极				平板阳极
	1	2	3	4	4
阴极电流效率/%	71.7	75.1	77.2	78.6	77.9
能耗/$(kW \cdot h \cdot t^{-1} - Zn)$	3192	3017	2944	2910	2996

5.3　阳极泥的溶蚀法去除技术

锌电解过程中，电极表面的阳极泥的主要成分为 MnO_2。MnO_2 具有不同的晶型($\alpha-MnO_2$、$\beta-MnO_2$、$\gamma-MnO_2$、$\varepsilon-MnO_2$和$\lambda-MnO_2$),其中电解 MnO_2 主要由 $\gamma-MnO_2$ 组成。由于各种晶型的 MnO_2 的反应活性不同,为增加实验过程的针对性,以 $\gamma-MnO_2$ 代替阳极泥做为实验研究对象。

以完全浸出 1 g $\gamma-MnO_2$ 为目标,利用分析纯 $FeSO_4 \cdot 7H_2O$ 和浓 H_2SO_4 配制具有不同 Fe^{2+} 和 H^+ 浓度的溶蚀液 200 mL。将 $\gamma-MnO_2$ 加入溶蚀液中,加热至不同的温度并搅拌,观察 MnO_2 溶解状况,当烧杯中未见明显沉淀物时,视为 MnO_2 已完全浸出。MnO_2 的浸出速率(v)通过以下公式计算:

$$v = \frac{m}{V \cdot t} \tag{5-1}$$

式中:m 为浸出的 MnO_2 的质量,g;V 为溶蚀液体积,L;t 为完全浸出 MnO_2 所消耗的时间,min。

5.3.1 Fe^{2+} 浓度对 MnO_2 浸出速率的影响

$FeSO_4$ 溶蚀 MnO_2 的基本原理是利用 MnO_2 在 H_2SO_4 溶液中的强氧化性,其可与 $FeSO_4$ 发生氧化还原反应,具体过程如下式所示:

$$2FeSO_4 + MnO_2 + 2H_2SO_4 \Longrightarrow MnSO_4 + Fe_2(SO_4)_3 + 2H_2O \tag{5-2}$$

根据化学反应平衡移动原理和质量作用定律,反应物的浓度对化学反应的方向及速率有影响。一般说来,反应物浓度越高,正向反应的速率越快。图 5-5 为溶液中 H_2SO_4 过量的情况下,MnO_2 的浸出速率随溶液中 Fe^{2+} 浓度的变化规律。从图中可以看出,在 Fe^{2+} 浓度较低时,MnO_2 的浸出速率随着 Fe^{2+} 浓度的增加而迅速变快。在浓度大于 13 g/L 后,浸出速率的增速趋缓。因此,为了保证阳极表面阳极泥具有较快的溶蚀速率,溶蚀液中 Fe^{2+} 的浓度可维持在不小于 13 g/L 的水平。

5.3.2 H_2SO_4 浓度对 MnO_2 浸出速率的影响

MnO_2 能与 $FeSO_4$ 互相反应,是由于 MnO_2 作为氧化物能与酸反应生成 $Mn(SO_4)_2$,所得 Mn^{4+} 具有强氧化性,但是非常不稳定,马上会与溶液中 Fe^{2+} 反应而被还原成 Mn^{2+}。反应可分成以下两步进行:

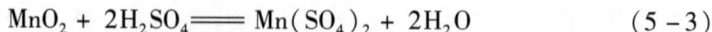

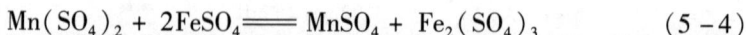

$$MnO_2 + 2H_2SO_4 \Longrightarrow Mn(SO_4)_2 + 2H_2O \tag{5-3}$$

$$Mn(SO_4)_2 + 2FeSO_4 \Longrightarrow MnSO_4 + Fe_2(SO_4)_3 \tag{5-4}$$

在所有参与反应的物质中,只有 MnO_2 为固态,并以式(5-3)所示的方式被 H_2SO_4 溶解,其动力学过程遵循收缩核反应模型,是整个反应的速控步骤。这就是为什么在溶液中 H_2SO_4 浓度一定且在 Fe^{2+} 浓度增加到一定值时,MnO_2 的浸出速率增加缓慢的原因。从图 5-6 可以看出,随着溶液中 H_2SO_4 浓度的增大,MnO_2 的浸出速率一直增大。这是由于溶液中 H_2SO_4 浓度增大,MnO_2 颗粒表面 H^+

的扩散层厚度减薄，扩散传质速率增大，从而促进了 MnO_2 的溶解。这与上面的分析相符，也说明 H_2SO_4 浓度对整个反应的速率影响较大，是提高阳极泥溶蚀速率的一个重要工艺参数。

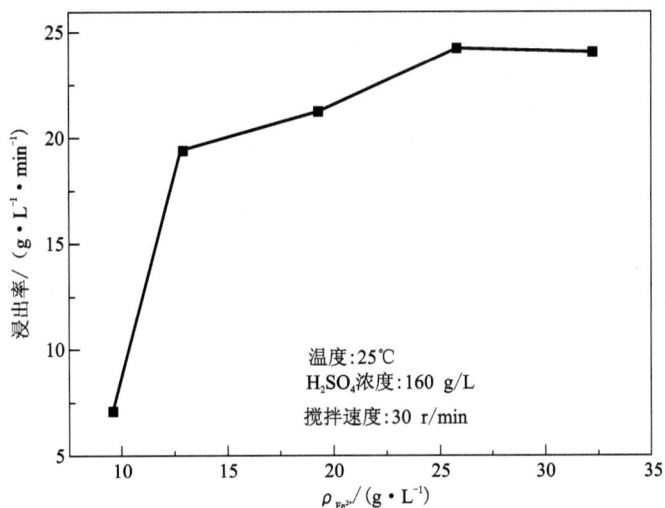

图 5-5　Fe^{2+} 浓度对 MnO_2 浸出速率的影响

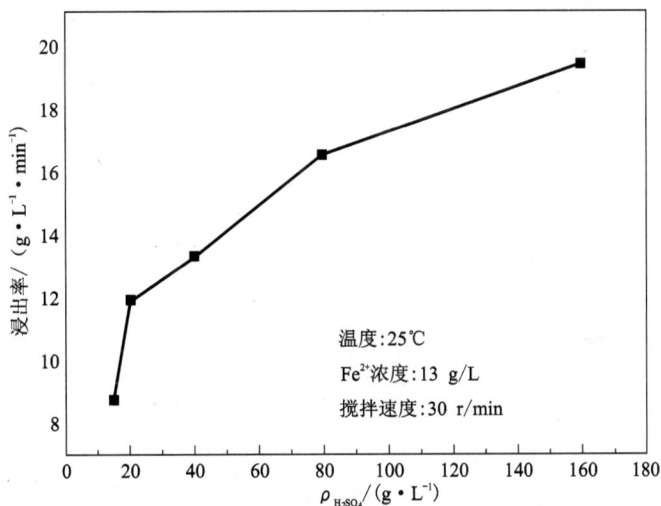

图 5-6　H_2SO_4 浓度对 MnO_2 浸出速率的影响

5.3.3　温度对 MnO$_2$ 浸出速率的影响

图 5-7 展示了溶液中 H$_2$SO$_4$ 和 Fe^{2+} 的初始浓度分别为 40 g/L 和 13 g/L，搅拌速率为 30 r/min 时，MnO$_2$ 在不同温度下的浸出速率。从图中可以看出，温度对 MnO$_2$ 的浸出速率影响显著，随着温度的上升，浸出速率呈指数级关系增长。当温度从 30℃ 增加到 80℃ 时，MnO$_2$ 的浸出率从 18.28 g/(L·min) 增加到 94.64 g/(L·min)，后者是前者的 5 倍以上。这是由于温度升高，使各分子的布朗运动加剧，从而提高反应物的反应活性，增加溶液中溶质分子扩散速度，进一步减小扩散层厚度。因此，要想加快阳极表面阳极泥的溶蚀过程，适当提高溶蚀液温度是一个比较有效的方法。

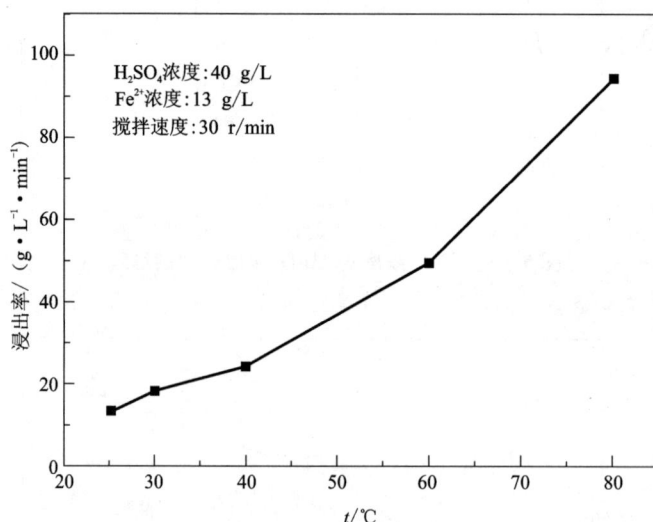

图 5-7　温度对 MnO$_2$ 浸出速率的影响

5.3.4　搅拌强度对 MnO$_2$ 浸出速率的影响

在溶液的浓度和温度保持一定时，改变溶液的搅拌速率，考察搅拌强度对 MnO$_2$ 的浸出速率的影响，其结果如图 5-8 所示。从图中可以看出，MnO$_2$ 的浸出速率随搅拌速率的增大呈线性增加。这是由于搅拌速率增大时，溶液的流动性变好，宏观传质加快，溶液中各溶质的浓度分布更加均匀，从而有利于减薄 MnO$_2$ 颗粒表面扩散层的厚度，促进传质。颗粒表面生成的 Mn^{4+} 可以迅速输运至溶液本体与 Fe^{2+} 反应，而 H$^+$ 也能够及时补充至颗粒与溶液的反应界面，使反应速率加快。因此，在溶蚀法去除阳极表面阳极泥时，可适度增加溶液的循环速度，以达到增加搅拌强度, 提高溶蚀率的目的。

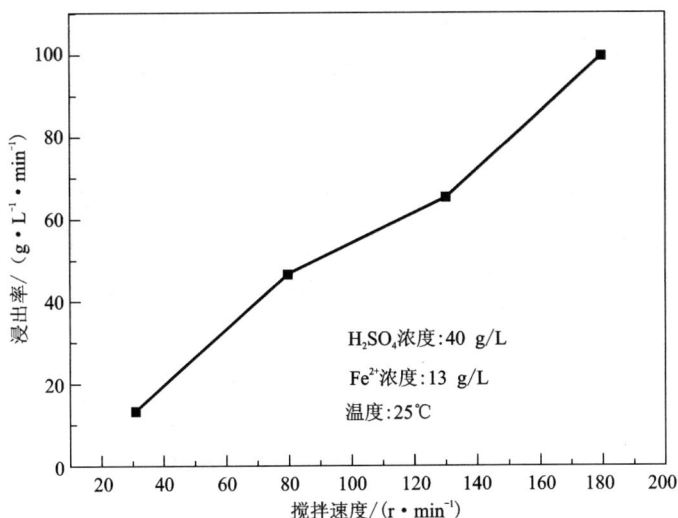

图 5-8　搅拌速率对 MnO_2 浸出速率的影响

5.4　本章小结

(1)电解液中 Mn^{2+} 可以被阳极氧化生成 MnO_2, 其贫化程度受溶液中 Mn^{2+} 浓度影响。所生成的 MnO_2 一部分附着在阳极表面, 使铅合金阳极变成实质上的 $Pb/PbO_2 - MnO_2$ 电极, 一部分悬浮于电解液中。作为一种电极表面氧化物, MnO_2 具有较 PbO_2 更好的析氧电催化活性, 但又具有较 PbO_2 更大的阻抗, 两者同时影响阳极电位。而作为电解液中的悬浮物, MnO_2 会使溶液电阻增大, 从而影响槽电压。两方面的共同作用, 使多孔阳极的阳极电位和槽电压随溶液中 Mn^{2+} 浓度的增大而先降低后升高, 在 Mn^{2+} 浓度为 2 g/L 时达到最低值, 较传统平板阳极(Mn^{2+} 为 4 g/L)分别降低 72 mV 和 87 mV。

(2)阳极表面的 MnO_2 可修补电极表面生成 PbO_2 时由于氧化物体积变化而产生的裂纹, 使阳极氧化膜更加致密, 有利于降低腐蚀率。但当溶液中 Mn^{2+} 浓度过高时, 生成的大量 MnO_2 会使阳极表面复合氧化膜的内外成分差异变大而引起起壳、开裂和脱落, 反而增大了阳极腐蚀率。多孔阳极的腐蚀率在溶液中 Mn^{2+} 浓度为 3 g/L 时取得最小值, 为传统平板阳极(Mn^{2+} 为 4 g/L)的 51.5%。此时, 阴极锌中的铅含量亦达到最低值, 仅为传统平板阳极(Mn^{2+} 为 4 g/L)的 62.7%。

(3)多孔阳极所对应的阴极电流效率随溶液中 Mn^{2+} 浓度的增加而略有增大,

但当浓度 $\geqslant 3$ g/L 时，对阴极锌电流效率的影响很小，且大小与传统平板阳极（Mn^{2+} 为 4 g/L）相当。此时，多孔阳极的吨锌能耗为 2944 kW·h/t - Zn，较传统平板阳极（Mn^{2+} 为 4 g/L）低 52 kW·h/t - Zn。

（4）综上所述，对于应用于锌电积过程的多孔阳极，电解液中 Mn^{2+} 浓度的最佳值为 3 g/L 左右。

（5）MnO_2 在 $FeSO_4$ 与 H_2SO_4 混合溶液中的浸出过程包括 MnO_2 的溶解及中间产物 Mn^{4+} 的还原两个步骤，其中步骤一为整个过程的速控步骤，其动力学过程遵循收缩核反应模型。在溶液中 Fe^{2+} 浓度大于 13 g/L 时，H_2SO_4 浓度、溶蚀液温度以及搅拌强度对 MnO_2 的浸出速率影响较大，是溶蚀过程需要重点控制的工艺参数。

第 6 章　多孔铅合金阳极在电积铜粉中应用的关键技术

6.1　引言

近年来，金属铜粉以其优异的性能作为高效催化剂、导电涂料、导电复合材料、电极材料、添加剂等，广泛地应用在冶金、化工、医药等领域。目前制取铜粉的方法有还原法、雾化法、机械研磨法和电化学法等[189]。其中，电化学法生产的铜粉由于具有表面洁净、呈高度树枝状、成形性好、生坯强度高和表观密度低等特点，在一些高端行业或特殊行业一直无法被其他工艺制备的铜粉所替代。

电化学法制备铜粉根据电解液中 Cu^{2+} 来源的不同，又分为电解法和电积法两种。其中，前者采用可溶性精铜阳极，通过铜阳极的溶解补充 Cu^{2+} 制备金属铜粉。后者采用铅合金不溶阳极，阳极发生析氧反应，通过电解液的循环来维持 Cu^{2+} 浓度的稳定。目前，电沉积铜粉普遍采用电解法制得，其具有生产成本高，杂质富集后的电解液处理难度大，工艺流程长等缺点。而电积法作为一种新发展的方法，具有无需阳极浇铸、无残极产生等优点，且由于采用硫酸铜为原料，可为阴极铜生产企业加快变现中间物料的速度以及铜矿石堆浸—萃取除杂后的纯净硫酸铜溶液直接转化为铜粉提供一种工艺，因而越来越受到重视[190]。

电积法生产铜粉以铅合金作为不溶阳极，电积过程的电流密度高达 1800 A/m^2，使得阳极电位高、阳极腐蚀率大，带来电积过程能耗较大，阴极产品铅含量高等问题。因此，需要对阳极进行改进。

铅合金多孔阳极由于具有较大的表面积，可降低阳极表面的真实电流密度，从而大幅度降低锌电积过程的阳极电位和腐蚀率。而铜粉的电积过程同样使用铅合金传统平板阳极作为不溶性阳极，同样存在阳极电位高，阳极腐蚀率大的问题。同时，铜粉电积过程中不需要加入 Mn^{2+}，也就不会产生锌电积过程中由于 Mn^{2+} 氧化而造成的阳极泥阻塞孔洞的问题。因此，将多孔阳极应用于铜粉的电积过程，具有很好的可行性。

但是铜粉电积过程与锌电积过程也存在很大的区别，它们必然对多孔阳极产生不同的影响，主要表现在以下两个方面：

(1)电解液。锌电积工序的电解液为 $ZnSO_4 - MnSO_4 - H_2SO_4$ 体系，其中 Zn^{2+}

浓度为 50 ~ 60 g/L, H_2SO_4 浓度为 140 ~ 165 g/L, 同时, 为了保护阳极, 电解液中还加入了 3 ~ 5 g/L 的 Mn^{2+}。而铜粉的电解液为 $CuSO_4 - H_2SO_4$ 体系, 其中 Cu^{2+} 浓度为 12 ~ 15 g/L, H_2SO_4 浓度为 120 ~ 140 g/L。电解液体系及浓度的不同, 将大大影响阳极的电化学特性。尤其是电解液中的 Mn^{2+} 在阳极极化时会在阳极表面氧化生成 MnO_2, 一方面保护阳极, 降低了阳极腐蚀率, 另一方面过多的阳极泥又会增加阳极电位。对于多孔阳极, 阳极泥还会在孔洞内富集, 阻塞孔洞, 从而影响多孔阳极性能的发挥。而铜粉电积过程无 Mn^{2+} 的要求, 这有利于多孔阳极结构的保持, 但也有可能增加阳极腐蚀率。

（2）电流密度。锌电积过程的电流密度一般控制在 400 ~ 550 A/m², 而铜粉的电积过程为了保证阴极铜粉的粒径和形貌, 一般为 1800 ~ 2200 A/m²。电流密度的巨大差异, 势必对多孔阳极的腐蚀速率及内部传质产生影响。

以上两点决定了不能将多孔阳极简单地引入到铜粉的电积过程中。需要研究铅合金多孔阳极在铜粉电积条件下的应用特性, 以期找到一种适用于铜粉电积过程的铅合金多孔阳极, 利用其比表面积大、孔隙率高的特点, 达到降低电积法生产铜粉过程的能耗和提高阴极铜粉品质的目的。

6.2 研究过程

6.2.1 多孔阳极的制备

采用反重力渗流法制备不同孔径（0.8 ~ 1.0 mm、1.0 ~ 1.25 mm、1.25 ~ 1.43 mm、1.43 ~ 1.6 mm、1.6 ~ 2.0 mm、2.0 ~ 2.5 mm）的 Pb – Ag(0.24%) – Ca(0.1%) 和 Pb – Ag(0.8%) 多孔材料。将多孔材料线切割成 10 mm × 10 mm × 10 mm 的立方体, 焊接铜导线后用环氧树脂密封, 获得几何面积为 10 mm × 10 mm 的测试电极。

6.2.2 测试与分析

对测试电极进行碱性除油、有机除油等预处理后, 在 $CuSO_4 - H_2SO_4$ 电解液体系中（Cu^{2+} 15 g/L, H_2SO_4 140 g/L）以 1800 A/m² 的电流密度极化, 剥粉周期为 30 min。整个过程在玻璃三电极体系中进行, 其中参比电极为 217 型双盐桥饱和甘汞电极（SCE）, 对电极（阴极）为 Cu 电极, 工作电极（阳极）为多孔铅合金电极。电解液体积为 1000 mL, 温度用水浴锅控制在（35.0 ± 0.5）℃。分别从以下几个方面评价多孔阳极在铜粉电积过程中的应用特性, 并与传统平板阳极对比。

（1）阳极电位

利用万用表读取整个阳极极化过程的阳极电位, 并与电脑连接自动记录数据，数据采集间隔为 1 min。

（2）阳极腐蚀率

与锌电积过程阳极腐蚀率测试相同，采用 Pb 元素平衡法表征阳极在铜粉电积过程的腐蚀率。但由于铜粉电积所用电解液中没有 Mn^{2+}，不会产生阳极泥，阳极腐蚀的 Pb 元素只能溶解进入电解液或与阴极铜粉共沉积。因此，阳极腐蚀率的计算公式变为：

$$C_{corr} = \frac{\Delta C_{Pb} \cdot V + 1000 \cdot w_c m_c}{A \cdot t} \qquad (6-1)$$

式中：C_{corr} 为阳极腐蚀率，$mg/(cm^2 \cdot h)$；ΔC_{Pb} 为电解液中 Pb^{2+} 浓度的变化量，mg/L；V 为电解液总体积，L；w_c 为阴极铜粉中的 Pb 含量，%；m_c 为阴极铜粉的产量，g；A 为阳极的表观面积，cm^2；t 为电解时间，h。

（3）阴极电流效率

电流效率同样也是铜粉电积生产过程重要的技术经济指标之一。实验过程中，每 30 min 刮一次铜粉，由于电解液中的 H_2SO_4 浓度较高，铜粉基本不发生氧化。铜粉在电解槽底部汇集。待实验完成后，将铜粉过滤，用酒精清洗、脱水后在 60℃下烘干，称重。与锌电积过程阴极电流效率的计算方法类似，铜粉电积过程的阴极电流效率的计算过程如下：

$$\eta = \frac{m_c}{q \cdot I \cdot t} \qquad (6-2)$$

式中：I 为电流强度，A；q 为 Cu 的电化当量，$1.186 \ g/(A \cdot h)$；t 为电积时间，h。

（4）阴极铜粉和阳极表面氧化膜形貌

利用扫描电子显微镜（日本 JEOL 公司，JSM-6360LV 型）观察所得阴极铜粉和阳极表面氧化膜的微观形貌。试样在测试前需要经过清洗（铜粉用酒精、氧化膜用去离子水）、烘干步骤，以获得干燥、清洁的样品。

6.3　阳极电位

在铜粉电积工业中，阳极电位占槽电压的 50% 以上，是电积工序能耗的主要来源，阳极电位越低，能耗越低，因此阳极电位是评判电积阳极性能的一个极为重要的技术指标。

图 6-1 为不同成分和不同孔径多孔阳极在 $CuSO_4$-H_2SO_4 电解液中于 1800 A/m^2 电流密度下的恒流极化曲线。从图中可以看出，各阳极电位在极化初期时从一个较高值迅速降低，然后随着时间的延长变化减缓，最终稳定下来。这是由于阳极表面氧化膜的形成与锌电积阳极一样，需要经历 Pb→$PbSO_4$→PbO_2 的

多步转化，最终形成以 PbO$_2$ 为主要成分的稳定保护膜。在极化初期，阳极表面的 PbSO$_4$ 较多，此时阳极的膜电阻大，阳极析氧过电位高。随着电解的进行，PbSO$_4$ 逐渐向 PbO$_2$ 转变，氧化膜的阻抗降低，析氧电催化活性增强，电极表面逐渐活化，阳极电位从较高的位置逐渐下降。当电解液溶解、阳极气体冲刷等作用使膜减少的量与阳极表面膜生成量达到平衡后，膜结构便相对稳定，此时，氧化膜各组分的相对含量也基本稳定，析氧过电位、膜电阻都不再有大的变化，阳极电位趋于稳定。从图中可以看出，Pb–Ag–Ca 阳极的阳极电位达到稳定时需要 8 h，而 Pb–Ag 阳极在电解 4 h 后基本稳定，这有利于电解系统的维护。

从图 6–1 还可以看出，对于各种孔径的多孔阳极，阳极电位均随时间的变化会有轻微的波动，而平板电极没有这种现象。多孔阳极为一种三维电极，电极内部也同时发生着电化学反应。在铜粉电积过程中，阳极主要发生的反应为 O$_2$ 的析出。由于孔径有一定的大小，且电极内部到外部的路径是弯曲的，因此电极内部生成的 O$_2$ 必须长大到一定的体积后才能从通道挤出。这种气泡逸出的不均匀性会造成阳极表面积的变化，从而使电极表面电流密度不稳定，导致阳极电位的波动。

读取各阳极的稳定阳极电位，其结果列于表 6–1。从表中可以看出，各多孔阳极的稳定阳极电位均较相同合金成分的传统平板阳极低，且同合金成分多孔阳极的稳定阳极电位随着孔径的增大呈先降低后升高的趋势。如 Pb–Ag 多孔阳极的稳定阳极电位在孔径为 1.0~1.25 mm 时取得最小值，较多孔阳极的最大值（孔径为 2.0~2.5 mm 时）降低了 45 mV，较传统平板阳极降低了 131 mV。一方面，多孔阳极由于具有较传统平板阳极大得多的比表面积，使表面的真实电流密度降低，从而减轻了电极表面的极化程度，使其具有较传统平板阳极更低的稳定阳极电位；另一方面，由第 3 章的论述可知，多孔阳极的阳极电位还受 O$_2$ 的逸出阻力和阳极孔径的共同影响：孔径越小，阳极的比表面积越大，电极表面的真实电流密度越低，阳极电位越低。但孔径越小，O$_2$ 的逸出阻力越大，将有更多的 O$_2$ 滞留在电极内部，造成阳极孔洞利用率下降，又会使阳极电位有所上升。因此，与锌电积过程类似，铜粉电积过程也存在一个最优的阳极孔径。从表中可以看出，两种合金多孔阳极的稳定阳极电位均在孔径为 1.0~1.25 mm 时取得最小值。

从表 6–1 还可以看出，Pb–Ag 合金阳极的稳定阳极电位较 Pb–Ag–Ca 合金阳极的低得多，且 Pb–Ag 多孔阳极降低阳极电位的幅度更大。如，Pb–Ag 合金较 Pb–Ag–Ca 合金传统平板阳极的稳定阳极电位降低了 57 mV，当孔径为 1.0~1.25 mm 时，Pb–Ag 合金和 Pb–Ag–Ca 合金多孔阳极的稳定阳极电位分别较同合金成分的传统平板阳极低 131 mV 和 90 mV。这是由于合金元素 Ag 和 Ca 对不同合金的性能影响不同：金属 Ag 是提高合金析氧电催化活性的主要合金元素，且 Ag 含量越高，阳极过电位越低；元素 Ca 是通过与 Pb 生成 Pb$_3$Ca 沉淀，

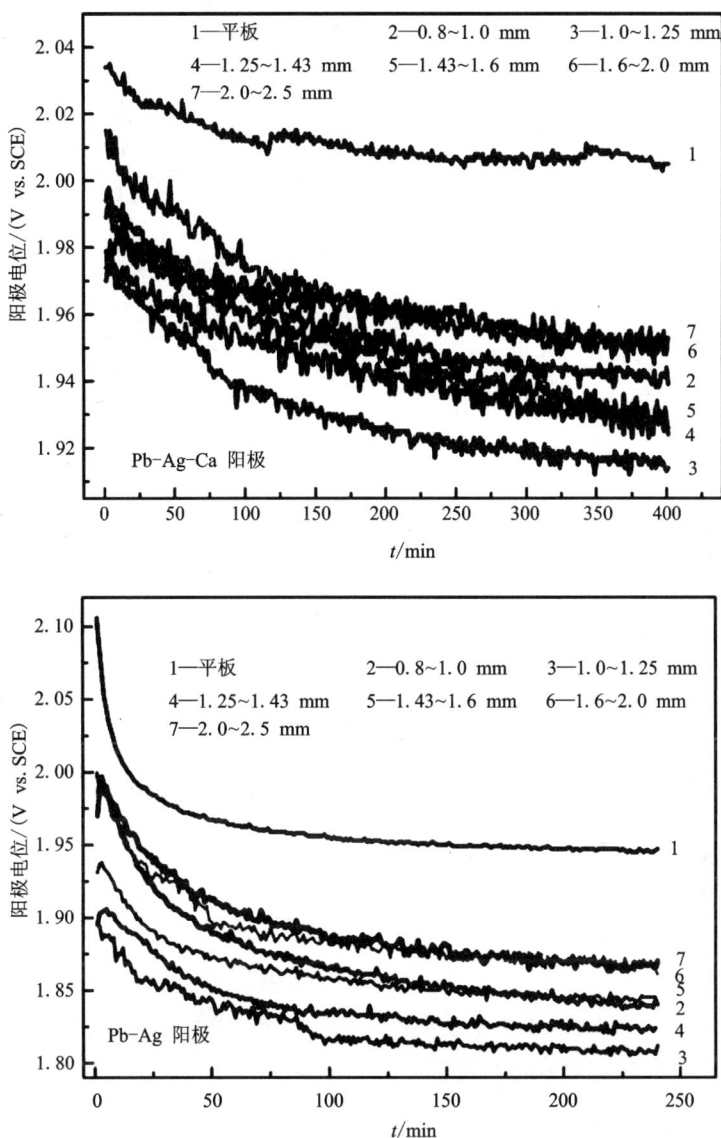

图 6-1 不同孔径阳极电位随时间的变化曲线

起提高合金力学强度的作用。二元合金中 Ag 含量为 0.8%，而三元合金中 Ag 的含量只有 0.24%，故 Pb - Ag 阳极表现出更好的析氧电催化能力。在电流效率相同的情况下，阳极电位越低，单位铜粉的能耗越低，电能效率越高，这对铜粉的电积法生产过程的节能降耗具有重要意义。

表 6 – 1　各阳极在铜粉电积条件下的稳定阳极电位

阳极孔径/mm	稳定阳极电位/（V vs. SCE）	
	Pb – Ag 阳极	Pb – Ag – Ca 阳极
传统平板阳极	1.947	2.004
0.8 ~ 1.0	1.845	1.941
1.0 ~ 1.25	1.816	1.914
1.25 ~ 1.43	1.824	1.928
1.43 ~ 1.6	1.845	1.929
1.6 ~ 2.0	1.864	1.950
2.0 ~ 2.5	1.861	1.951

　　与锌电积过程相比，铜粉电积过程的阳极电位明显升高。这是由于电极表面的工作电流密度是决定阳极电极的关键因素，锌电积过程的电流密度为 500 A/m²，而铜粉电积过程的电流密度达到了 1800 A/m²，后者是前者的 3.6 倍。这也从另一方面说明，将多孔阳极应用于铜粉的电积过程，通过降低阳极的真实电流密度来达到节能降耗的目标是可行的。

6.4　阳极腐蚀率

　　由于在电解过程中，铅合金表面最终会生成一层稳定的 PbO_2 氧化膜，一方面对金属基体起保护作用，另一方面提供电化学反应的场所。因此，从严格意义上来说，铅合金阳极实质上是 Pb/PbO_2 阳极，其放电物质为 PbO_2。由于 PbO_2 的摩尔体积较 $PbSO_4$ 小，导致铅阳极表面的 PbO_2 层疏松、多孔，与 Pb 基体间的结合力差。一方面，阳极表面 O_2 的大量析出对氧化膜层具有冲刷作用，使得阳极表层组织结构疏松的 PbO_2 剥离、脱落，造成了阳极的腐蚀；另一方面电解液及新生氧可以穿过氧化膜渗入铅基体，进一步腐蚀阳极。腐蚀使阳极具有一定的使用寿命，而从阳极表面脱落下来的 PbO_2 大部分沉于电解槽底，剩下的部分悬浮于电解液中，并在阴极铜粉中夹杂，部分在电解液中溶解转化成 Pb^{2+} 并在阴极放电析出，后两者可能造成阴极铜粉中的 Pb 含量升高，对其品质产生影响。因此，阳极腐蚀率是评价铜粉电积阳极的另一个重要指标，腐蚀率越低，阳极的使用寿命越长，阴极铜粉中的含 Pb 量随之降低，从而提高了阴极产品的合格率。对于多孔电极来说，由于其表面积的增大，减小了电极工作时的真实电流密度，从而减缓了阳极的电化学腐蚀速率。但同时，表面积的增大也增强了阳极与电解液间的化学腐蚀,使腐蚀速率提高。

表 6－2 为 Pb－Ag 合金和 Pb－Ag－Ca 合金阳极在 1800 A/m^{2}的电流密度下极化 48 h 后的平均腐蚀率。从表中可以看出,Pb－Ag－Ca 多孔阳极极化 48 h 的平均腐蚀率与同成分的传统平板阳极相当,而 Pb－Ag 多孔阳极的平均腐蚀率较同合金成分的传统平板阳极稍小。虽然 Pb－Ag 合金阳极由于 Ag 含量的升高,使得其腐蚀率比 Pb－Ag－Ca 阳极要低,但与传统平板阳极相比优势并不明显。

表 6－2　各阳极在铜粉电积条件下电解 48 h 的平均腐蚀率

孔径/mm	阳极腐蚀率/(mg · cm^{-2} · h^{-1})	
	Pb－Ag－Ca 阳极	Pb－Ag 阳极
传统平板阳极	0.885	0.621
0.8～1.0	0.845	0.530
1.0～1.25	0.836	0.533
1.25～1.43	0.875	0.519
1.43～1.60	0.859	0.527
1.60～2.0	0.888	0.506
2.0～2.5	0.878	0.556

为了更直观地了解阳极腐蚀速率随着极化时间的变化趋势,在 48 h 的极化过程中,每隔一定时间对电解取一次样,分析溶液中的 Pb^{2+} 浓度,从而计算出相临时间点之间的平均腐蚀速率。表 6－3 给出了 Pb－Ag－Ca 合金阳极在铜粉 1800 A/m^{2}的电流密度下极化 48 h 时,各时间段的阳极腐蚀率结果。从表中可以看出,各阳极的即时腐蚀率均随着极化时间的延长而先迅速降低,后基本保持稳定。正如上面所说,在极化初期,铅合金基本与电解液直接接触而溶解,腐蚀率较高。随着极化的进行,电极逐渐生成 PbO$_2$钝化膜,对基底起保护作用,阳极腐蚀率迅速降低。当钝化膜达到稳定状态时,氧化膜的腐蚀速率与生成速率达到一个动态平衡,膜层厚度基本不变,阳极腐蚀率也维持在一个较低的水平。

同时,从表中还可以发现,多孔阳极的腐蚀率在电解初期比传统平板阳极还高,只有当极化到一定时间后(16 h),多孔阳极的即时腐蚀速率才低于传统平板阳极。这是由于多孔阳极是一种三维电极,孔与孔之间的孔壁和孔棱上有许多突起和尖锐的边角,这些地方容易发生电力线的集中,并剧烈腐蚀。再加上其表面积大,在钝化膜未完全覆盖表面时,基体的溶解引起的化学腐蚀更加严重。经过 16 h 极化,PbO$_2$钝化膜对基体形成保护,多孔阳极由于真实电流密度小,腐蚀速率变得较传统平板阳极低。

表 6-3 Pb-Ag-Ca 阳极在不同时间段的阳极腐蚀率

孔径/mm	阳极腐蚀率/(mg·cm^{-2}·h^{-1})						
	0~4 h	4~8 h	8~12 h	12~16 h	16~20 h	20~24 h	24~48 h
平板阳极	2.115	1.273	0.82	0.719	0.712	0.715	0.711
0.8~1.0	3.360	1.812	1.007	0.521	0.462	0.443	0.423
1.0~1.25	3.317	1.815	0.978	0.503	0.430	0.435	0.426
1.6~2.0	3.56	1.869	1.123	0.636	0.458	0.444	0.429

比较表 6-2 和表 6-3 的数据可知，虽然多孔阳极的即时腐蚀速率较传统平板阳极有了更大程度的降低，但由于极化初期多孔阳极腐蚀的累积效应，其在 48 h 内的平均腐蚀速率与传统平板阳极的差值变小。可以预见的是，随着极化时间的延长，多孔阳极的平均腐蚀率还将进一步降低。与锌电积过程相比，同样是 Pb-Ag（0.8%）合金，铜粉电积过程的阳极腐蚀率大了一个数量级。这说明电流密度是阳极腐蚀速率的主要影响因素，铜粉电积过程的高电流密度使铅合金阳极的腐蚀速率提高，使用寿命缩短。

6.5 阳极氧化膜形貌

将不同合金成分的多孔阳极和传统平板阳极在 $CuSO_4$-H_2SO_4 溶液中以 1800 A/m^2 的电流恒流极化 48 h 后取出，立即用蒸馏水冲洗、电吹风吹干后对表面氧化膜进行扫描电镜观测，其结果如图 6-2 和图 6-3 所示。

从图 6-2 可以看出，Pb-Ag-Ca 多孔阳极与 Pb-Ag-Ca 传统平板阳极在微观形貌上有很大区别。Pb-Ag-Ca 多孔阳极由于可降低表面的真实电流密度，生成的氧化膜致密、平整，而传统平板阳极疏松、多孔，在 O_2 的冲刷下容易脱落，对降低阳极腐蚀率不利，这应当是造成传统平板阳极在极化后期的即时腐蚀率较多孔阳极高的原因之一。但疏松多孔的表面氧化膜结构使电极的比表面积增大，有利于降低阳极析氧过电位，从而造成 Pb-Ag-Ca 多孔阳极降低阳极电位的幅度较 Pb-Ag 多孔阳极小。

对比 Pb-Ag 多孔阳极和传统平板阳极表面氧化膜形貌，从低倍率放大图上看，两种阳极的表面氧化膜都比较致密，这是 Pb-Ag 阳极的腐蚀率比较低的原因。但从高倍率放大图上看，两者的微观形貌差异较大：与 Pb-Ag-Ca 多孔阳极类似，Pb-Ag 多孔阳极表面氧化膜的晶粒为不规则的片状，而传统平板阳极的为

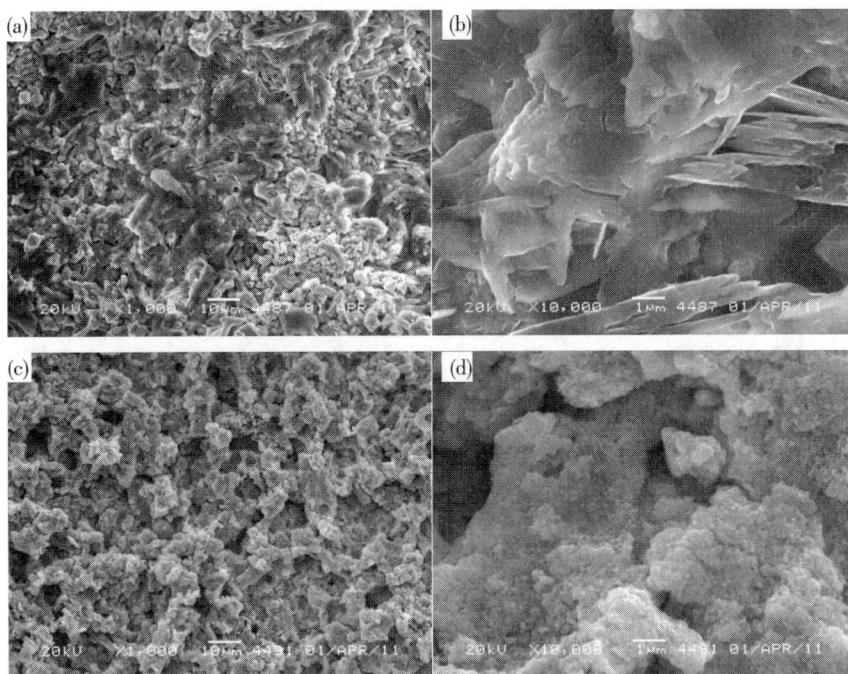

图 6 - 2　Pb - Ag - Ca 传统平板阳极和多孔阳极表面氧化膜形貌

(a、b—Pb - Ag - Ca 多孔阳极; c、d—Pb - Ag - Ca 传统平板阳极)

堆积在一起的疏松粉末状。这种微观结构的差异,可能使传统平板阳极表面的氧化膜耐 O_2 的冲刷能力差一些,为维持膜层的厚度,需要消耗更多的基体来更新,使传统平板阳极的腐蚀率变大。

综合图 6 - 2 和图 6 - 3 的结果可知,多孔结构对阳极氧化膜的微观形貌影响较大。传统平板阳极由于电流密度大,表面电化学极化严重,生成的氧化物晶粒较小,但由于 PbO_2 的生成过程是一个体积缩小的过程,使得氧化膜为一层粉末状的 PbO_2,不能经受 O_2 的长时间冲刷。多孔阳极表面生成的氧化物虽然晶粒较大,形状不规则,但晶粒与晶粒之间结合紧密,没有裂纹,反而不容易脱落,使电极的耐腐蚀性能提高。

6.6　阴极铜粉

(1)阴极电流效率

按式(6 - 2)计算不同成分和孔径的阳极在铜粉电积过程中的阴极电流效率,其结果如表 6 - 4 所示。从表中可以看出,在表观电流密度为 1800 A/m^2 时,传统平板阳极的电流效率与多孔阳极电流效率相当,均介于 87% ~ 88%。这说明阳极

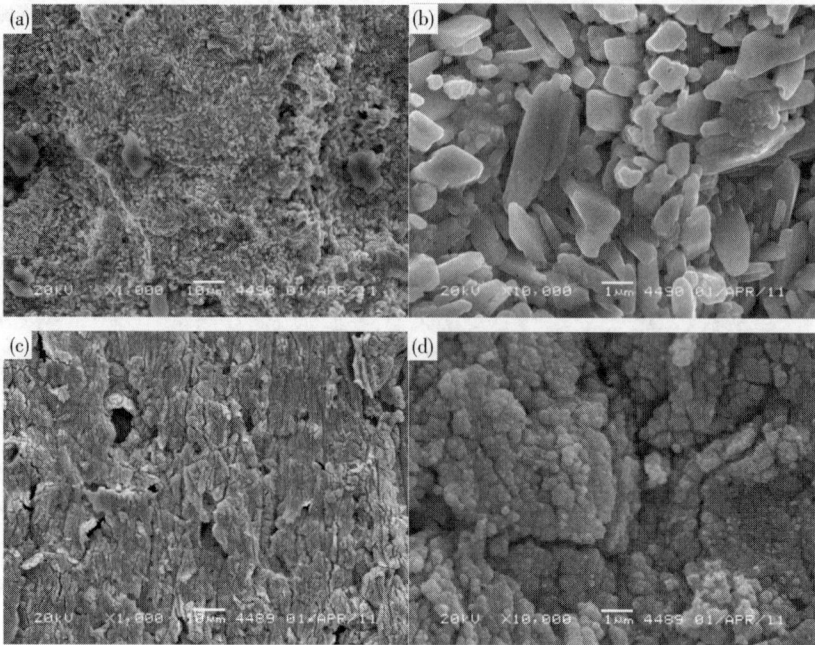

图 6 - 3　Pb - Ag 传统平板阳极和多孔阳极表面氧化膜 SEM 图

(a、b—Pb - Ag 多孔阳极；c、d—Pb - Ag 传统平板阳极)

的成分和结构对阴极电流效率没有影响。这是因为电流效率主要受电解液成分、温度、阴极电流密度、阴极表面状态、电解液循环制度、电积周期等因素影响，本次试验中以上因素都不变，故各阴极电流效率基本一致。

表 6 - 4　各阳极所对应的阴极电流效率/%

合金成分	孔径/mm		
	传统平板阳极	1.0 ~ 1.25	2.0 ~ 2.5
Pb - Ag - Ca 阳极	87.3	87.4	86.9
Pb - Ag 阳极	87.2	87.9	87.5

（2）铜粉的品质

由于绝大部分厂家都采用电解法生产铜粉，目前电积铜粉采用与电解铜粉相同的牌号与标准，表 6 - 5 为国标 GB/T 5246—2007 对牌号为 FTD1 的电解铜粉中部分杂质元素含量的规定。从表中可以看出，除了元素 Pb 之外，对其他杂质元素的含量也有要求。但实验室所用电解液均采用分析纯的化学试剂和去离子水配置,基本可以认为没有杂质。只有在极化过程中,阳极腐蚀溶解进入电解液中的 Pb 才可对阴极铜粉的品质造成影响。

表 6-5　电解铜粉国标对部分杂质元素含量的规定/%

杂质元素	Fe	Pb	As	Ni	Zn	Cl	S
国标 FTD1	0.01	0.04	0.004	0.003	0.004	0.004	0.004

　　在实验过程中,将 Pb – Ag – Ca 阳极第 4 h、8 h、12 h、16 h、24 h 和 48 h 的铜粉分别取样,处理后对各样品的 Pb 含量进行 ICP 分析,其结果如表 6-6 所示。从表中可以看出,各时间点收集的阴极铜粉中的 Pb 含量随着电积时间的延长在初期迅速减小,而后趋于稳定。而且,在电积初期,采用多孔阳极所获得的铜粉的品质较传统平板阳极差,但经过一定时间之后,所得铜粉的品质较传统平板阳极反而更好。这与 Pb – Ag – Ca 阳极在各时间段的即时腐蚀率的变化规律一致。这说明,在铜粉的电积过程中,阳极腐蚀率是影响阴极铜粉中 Pb 含量的主要因素,与前面的推论一致。从表中还可以看出,多孔阳极经过 8 h 的极化后,所获得的阴极铜粉中的 Pb 含量满足 FTD1 牌号标准。

表 6-6　Pb – Ag – Ca 阳极在不同时间点生产的铜粉的品质

孔径 /mm	铜粉中的 Pb 含量/%					
	4 h	8 h	12 h	16 h	24 h	48
传统平板阳极	0.0323	0.0213	0.0201	0.0198	0.0192	0.0193
1.0 ~ 1.25	0.0413	0.0334	0.0212	0.0165	0.0117	0.0106

　　应该指出的是,在金属活动性顺序表中,元素 Pb 较 Cu 活泼,且电解液 Cu^{2+} 的浓度较 Pb^{2+} 大得多,故 Pb^{2+} 的沉积电位要较 Cu^{2+} 负,阴极优先发生 Cu^{2+} 的析出。但是,在铜粉的电积过程中,由于电流密度大,铜粉电积是在溶液中 Cu^{2+} 的极限电流密度下进行,电极表面 $C_{Cu^{2+}}$ 趋向于 0,这增加了 Pb^{2+} 放电的可能性。再加上阳极表面的 PbO_2 颗粒在 O_2 冲刷下会进入溶液,而阴极铜粉比表面积大,PbO_2 颗粒容易夹杂、包裹在铜粉中。从表 6-6 可以看出,各时间点铜粉中的 Pb 含量随着时间变化的幅度不大,且基本能达到国标要求。

　　将不同孔径和不同合金成分的多孔阳极电积 48 h 所得的阴极铜粉收集在一起,测试铜粉的 Pb 含量,其结果如表 6-7 所示。从表中可以看出,各阳极所产生的阴极铜粉中的 Pb 含量均低于 0.004%,满足国标对 FTD1 号电解铜粉的要求。同时，由于金属 Ag 可降低阳极的腐蚀率，采用 Pb – Ag 阳极所获得的铜粉的品质较 Pb – Ag – Ca 阳极好。多孔阳极也由于比表面积的增大，使其阳极腐蚀率较传统平板阳极降低，进而降低了阴极铜粉中的 Pb 含量。

表 6 – 7　各阳极电沉积 48 h 所得铜粉中的铅含量

孔径/mm	铜粉中的铅含量/%	
	Pb – Ag – Ca 合金阳极	Pb – Ag 合金阳极
传统平板阳极	0.022	0.012
0.8 ~ 1.0	0.013	0.009
1.0 ~ 1.25	0.016	0.006
1.25 ~ 1.43	0.012	0.008
1.43 ~ 1.6	0.014	0.005
1.6 ~ 2.0	0.015	0.007
2.0 ~ 2.5	0.012	0.003

(3)铜粉的微观形貌

由于颗粒尺寸小，比表面积大，电解铜粉具有很高的活性，因此，在制备、收集及保存过程中极易发生团聚。这就需要对所制备的超细铜粉进行改性。通常采用的方法是使用表面活性剂来抑制二次团聚，对所制备的铜粉进行保护。本书采用往电解液中加入 0.4 g/L 聚乙烯吡咯(PVP)来稳定晶粒、防止团聚。

图 6 – 4 为不加分散剂与加入 0.4 g/L PVP 制备的铜粉的对比。从图中可以看出，不加 PVP 时，所得阴极铜粉颗粒粒径很大，团聚严重。而加入 0.4 g/L PVP 制的铜粉粒径明显减小，团聚现象得到缓解。PVP 的抑制团聚作用来自于其链状结构的一端为亲水性内酰胺强极性基团，另一端为亲油性亚甲基非极性基团。当 PVP 加入溶液中时，亲水基团端会吸附于铜颗粒表面，亲油基团端留在外面将铜粉颗粒包裹，这样就可以防止颗粒的继续长大和互相排斥。

图 6 – 5 为分别采用多孔阳极和传统平板阳极所得的阴极铜粉的表面形貌。从图中可以看出，阳极的形状对阴极铜粉形貌的影响基本可以忽略。两类阳极所得阴极铜粉的形貌相同，基本为菜花状，偶见树枝状结晶。从高倍率图像中可以看出，铜粉晶粒呈不规则球状，这与 Gökhan Orhan[191]的研究结果一致。要想得到树枝状铜粉，阴极电流密度还需要进一步提高到 2000 A/m² 左右。

图 6 - 4 铜粉的扫描电镜

（a—不加 PVP；b—加入 0.4 g/L PVP）

图 6 - 5 采用 Pb - Ag 阳极制备的铜粉的 SEM 图

（a、b—Pb - Ag 传统平板阳极；c、d—Pb - Ag 多孔阳极）

6.7 本章小结

（1）多孔阳极由于降低了阳极真实电流密度，可以减少阳极的极化程度，降低阳极电位。与相同合金成分的传统平板阳极相比，Pb－Ag－Ca 和 Pb－Ag 合金多孔阳极的最低阳极电位分别降低了 90 mV 和 131 mV。Pb－Ag 多孔阳极由于 Ag 含量的增加，其最低阳极电位较 Pb－Ag－Ca 多孔阳极低 98 mV，具有更好的节能潜力。

（2）多孔阳极表面生成的氧化膜致密，与基体结合牢固，不易被 O_2 冲刷进入溶液，具有较传统平板阳极更好的耐腐蚀性能，有利于延长阳极使用寿命和提高阴极铜粉品质。同样，由于 Ag 含量的增加，Pb－Ag 合金多孔阳极具有较 Pb－Ag－Ca 多孔阳极更低的腐蚀速率。但在极化初期，由于表面氧化膜层不完整以及多孔结构中边角的尖端效应，使多孔阳极的腐蚀率较相同合金传统平板阳极高。因此，在多孔阳极使用之前，需要对其进行 12 h 以上的预镀膜处理，以减少阳极对电解初期阴极铜粉品质的影响。

（3）采用多孔阳极所获得的阴极铜粉中的 Pb 含量较传统平板阳极低，但其 Pb 含量均可满足 FTD1 号电解铜粉国标。且采用 Pb－Ag 多孔阳极生产的铜粉中的 Pb 含量较 Pb－Ag－Ca 多孔阳极更低，可应用于对铜粉品质有特殊要求的场合。

（4）多孔结构对阴极铜粉的形貌和析出效率影响较小。在实验室条件下，阴极电流效率保持在 87% ~ 88%，析出铜粉的形貌为不规则球状晶粒组成的菜花状结构，偶见树枝状结晶。

综上所述，将多孔阳极应用到铜粉的电积生产过程是可行的，可以达到降低能耗、延长阳极寿命、提高阴极铜粉品质的目的。其中，Pb－Ag 多孔阳极对电积过程的改善效果更好，但合金中含有 0.8% 的贵金属 Ag，增加了阳极的成本。因此，除一些对铜粉中 Pb 含量要求较高的应用外，从降低阳极成本的角度考虑，选择 Pb－Ag(0.24%)－Ca(0.1%) 多孔阳极比较合适。

第 7 章　复合多孔铅合金阳极的锌电积工业应用试验

7.1　引言

根据前面几章的内容,本书对多孔节能阳极在扩大试验中暴露出的问题[27]进行了针对性的研究,从结构、组成、制备与应用工艺,以及相关基础理论等方面对多孔阳极进行了优化设计和深入研究。为了将多孔阳极尽快应用于工业生产,响应国家节能降耗政策,需要对多孔阳极进行工业试验。而且,从前期研究成果来看,复合多孔节能阳极已具备了进行工业试验的基本条件。

本章将制备工业尺寸复合多孔阳极,并在豫光锌业有限公司电解车间开展复合多孔阳极的工业试验,考察复合多孔阳极的阳极电位、槽电压、阳极腐蚀率、阳极泥、阴极锌品质以及阴极电流效率,并与传统平板阳极对比,检验实验室开发的多孔阳极锌电积工业应用技术。

7.2　工业尺寸复合多孔阳极的制备

本次工业试验采用的多孔阳极为框架式复合多孔阳极,并采用反重力渗流法预成型半整体发泡工艺制备。对于工业尺寸的框架式复合多孔阳极,加强筋采用"三横两纵"的排列方式。采用框架式复合多孔阳极,是基于以下考虑:①框架式结构同样能够满足工业生产对阳极强度的要求;②铸造过程较"反三明治"结构简便,样品的合格率高;③方便极耳的焊接。而所谓的反重力渗流法预成型半整体发泡工艺,是反重力渗流法的进一步改进。即,在渗流之前,将已经制备好的加强筋和填料粒子装入渗流室内,使加强筋按设计要求预先占据相应位置,并与填料粒子一起加热。当具有一定温度的熔体从渗流室底部压入时,加强筋与熔体发生热交换,并部分或全部熔化,然后与熔体一起冷却、凝固成为一个整体。

7.2.1　工业尺寸复合多孔阳极的反重力渗流法铸造装置

虽然,在实验室已形成了十分成熟的工艺,并开发了相应装置。但制备工业尺寸的复合多孔阳极,并不是实验室装置的简单放大,需要综合考虑制备效率、温度的均匀性和可控性(速度和大小),因此,各部件的设计也需要进行相应的改进。如图7-1所示,工业尺寸复合多孔阳极的反重力渗流铸造装置由渗流室、导流部件、熔化室及其相配套的加热、冷却和加压部件组成。采用上下装配结构,即最上部为渗流室,中间为导流部件,下部为熔化室。其基本工作过程是,熔化室中的熔体在加压部件的作用下,通过导流部件从底部进入已预热至一定温度的渗流室中,然后保压,通过冷却部件使熔体凝固,取出所得复合材料,去除其中的填料粒子,即可获得所需样品。

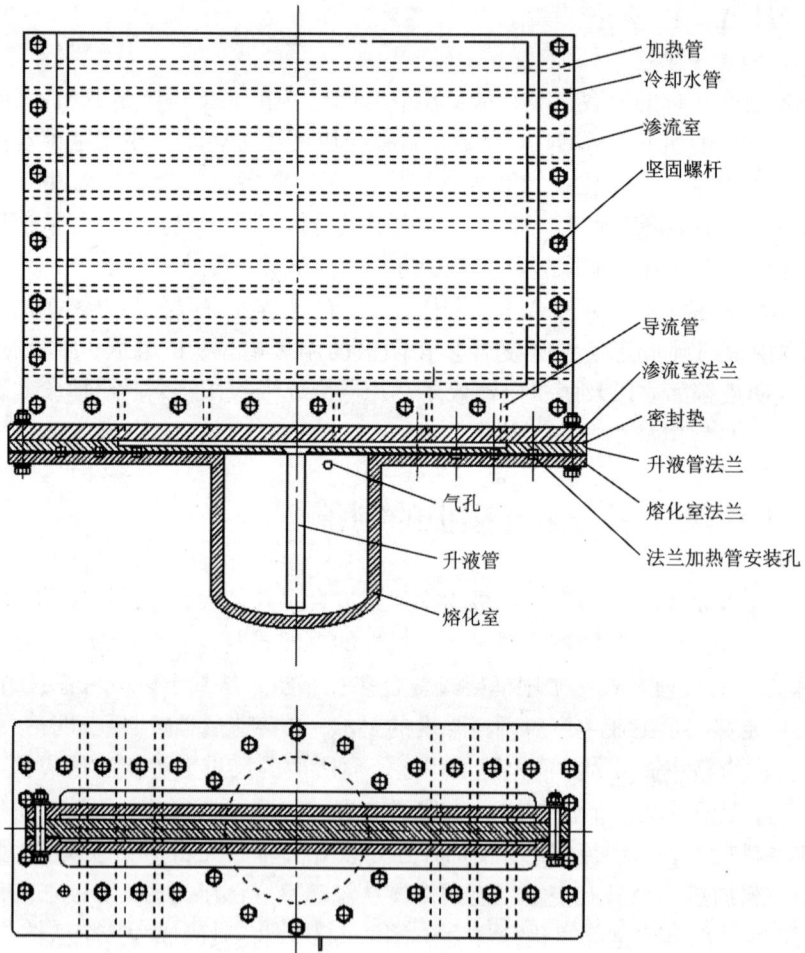

图7-1 反重力渗流铸造设备示意图

7.2.2　复合多孔阳极的反重力渗流法铸造工艺

采用反重力渗流法预成型半整体发泡工艺铸造框架式复合多孔阳极,具体过程如下:

(1)筛分填料粒子和铸造加强筋;

(2)在渗流室内壁表面涂覆脱模剂,风干后组装好渗流室;

(3)将填料粒子与黏接剂混合,并与加强筋一起装入渗流室内;

(4)往熔化室内熔化铅合金,并依次装配整个铸造装置;

(5)将渗流室、法兰和熔化室分别加热至一定温度,并保温 1 h 左右,其中渗流室为(320 ±10)℃,法兰为(300 ±20)℃,熔化室为(500 ±10)℃;

(6)连接空气压缩机和熔化室,关闭卸压阀,调节控压阀使空气进入熔化室,当熔体上升到渗流室顶部时,保持压力不变,卸掉保温套,断开渗流室上部加热管,同时打开最上部的冷却水管。待渗流室顶部熔体冷却、凝固后,将压力再提高 0.02 MPa 左右,保压,断开渗流室所有加热管,每隔 10 min 从上到下依次打开冷却水管,使渗流室内熔体从上到下依次冷却。待渗流室温度降至 200℃ 左右时,断开法兰加热管和熔化室加热炉;

(7)将渗流室从工作台拆离,脱模,就获得了多孔铅与填料粒子的复合材料;

(8)浸泡复合材料,并利用高压水冲洗去除填料粒子,获得复合多孔阳极的半成品;

(9)将半成品按照工业需要的尺寸和外形进行裁剪,并焊接极耳,获得框架式复合多孔阳极成品。

图 7 - 2 为利用上述方法制备的工业尺寸框架式复合多孔阳极,其外形尺寸为:975 mm ×620 mm ×6 mm,孔径为 3.0 ~3.5 mm。从图中可以看出,整个阳极结构完整,加强筋与多孔铅完全融合,无明显铸造缺陷,这说明利用反重力渗流法的预成模工艺可以方便地铸造出合格的工业尺寸框架式复合多孔阳极。

7.3　工业试验过程

7.3.1　工业试验条件与控制参数

本工业试验在河南豫光集团有限责任公司下属的豫光锌业有限公司和东方化工有限公司进行,两者在电解液成分中的 Mn^{2+} 含量有较大差异,其中,豫光锌业的电解液中 Mn^{2+} 在 3 ~5 g/L,东方化工电解液中的 Mn^{2+} 含量为 0.3 ~0.5 g/L。因此,在试验过程中利用工业现场具有两种电解液的条件,分别采用高锰浓度电解液(取自豫光锌业)和低锰浓度电解液(取自东方化工)开展多孔阳极工业试验。

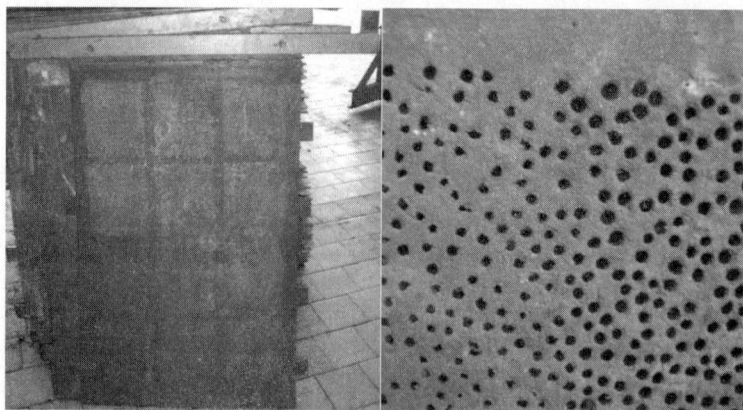

图7-2 工业尺寸框架式复合多孔阳极

(a)全貌图;(b)局部图

电解试验在东方化工的电解车间进行,先采用低锰浓度电解液运行一段时间,然后将电解液切换为高锰浓度电解液运行。采用槽内并联,槽间串联的连接方式,每槽20片阳极,20片阴极,同极距60 mm,如图7-3所示。试验过程中电解液的流动如图7-4所示。同时,用相同尺寸的压延阳极板设置了对比槽。在工业试验之前,进行了掏槽处理,以将槽内阳极泥清空。

图7-3 工业试验现场

试验过程的控制条件如下:

(1)阳极电流密度控制在480 A/m² 左右;

(2)电解液的 Mn^{2+} 浓度分别控制在0.3~0.5 g/L(低锰电解液电解试验时)

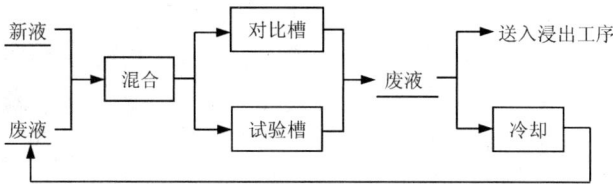

图 7 - 4　试验过程中电解液的流向

和 2 ~ 3 g/L(高锰电解液电解试验时)。每 1 h 滴定一次电解废液的酸锌比，通过控制新液和废液的混合比将酸锌比控制在 3.5 ~ 3.7，锌浓度 55 ~ 65 g/L，其他元素的含量如表 7 - 1 所示；

(3)电解液中加入一定的碳酸锶(约 0.5 kg/t - Zn)和骨胶(约 7 kg/t - Zn)，以改善阴极锌的析出形貌和品质；

(4)每槽的电解液流速控制在 7 ~ 8m³/h，根据酸锌比和电解液温度调节；

(5)剥锌周期为 24 h，每次剥锌后，铝阴极板在含吐酒石的热水溶液中浸泡 10 s 左右，使铝板表面吸附一层薄的吐酒石溶液，有利于剥锌。

表 7 - 1　工业电解液中主要元素的浓度/$(g \cdot L^{-1})$

元素	Sb	Co	Fe	Cu	Ni	Pb	Cl
东方化工	0.000047	0.00058	0.013	0.00018	0.00088	0.00098	0.156
豫光锌业	0.000040	0.00048	0.006	0.00015	0.00079	0.00088	0.102

由于所用阳极均为新阳极，为减缓电解初期阳极的腐蚀，在电解试验开始之前，需对阳极进行预镀膜处理。预镀膜槽采用搭接式的连接方法与普通电解槽并联，具体镀膜条件如下：电解液中 H_2SO_4 浓度为 80 ~ 100 g/L，Zn^{2+} 浓度为 60 ~ 80 g/L，电流密度为 40 ~ 60 A/m²，预镀膜时间为 24 h。

图 7 - 5 为多孔阳极和传统平板阳极预镀膜后的表面形貌。从图中可以看出，经过 24 h 的预镀膜处理，两者表面都生成了一层棕色的氧化膜。这说明，多孔阳极同样适用于目前工业上普遍采用的传统平板阳极预镀膜工艺。

7.3.2　测试与分析

试验过程中主要对比以下指标进行考察：

(1)阳极电位和槽电压

利用万用表和自制的饱和甘汞电极(SCE)测试试验槽和对比槽的阳极电位和槽电压，测量频次为每 4 h 测试 1 次。同时，为保证测试数据的代表性和可靠性，

图7-5 阳极预镀膜后的表面形貌

（a—多孔阳极；b—传统平板阳极）

每次测试都要求测量 5 个点，且保证 5 个测试点从进液口至出液口基本均匀分布。

（2）阳极泥生成量及 Mn^{2+} 的贫化

阳极泥的主要成分为 MnO_2，其形成是电解液中 Mn（Ⅱ）氧化至 Mn（Ⅳ）的结果。故阳极泥的生成必然导致电解液中 Mn^{2+} 浓度的降低，即 Mn^{2+} 的贫化。每 24 h 分别从试验槽和对比槽的出液口取电解废液各 1 份，同时从溜槽中取混合液 1 份，测试液体样中的 Mn^{2+} 浓度，对比两类阳极板对电解液中 Mn^{2+} 贫化程度的影响。

电解过程中，所生成的阳极泥一部分沉积在阳极表面，对阳极起保护作用，一部分悬浮在电解液中，随着电解液从出液口流出，而绝大部分阳极泥将沉于电解槽底部。在条件试验结束后，对电解槽进行掏槽处理，测试阳极泥固液比和湿重，通过式（7-1）计算阳极泥的净生成量（m），从而从另一个方面对比两类阳极对 Mn^{2+} 贫化率的影响。

$$m = m' \cdot \frac{L}{1+L} \tag{7-1}$$

式中：m' 为阳极泥湿重，kg；L 为阳极泥固液比。其中，固液比的测试方法为：称取一定量的湿阳极泥（m_1），在烘箱中以 105℃烘 12 h 后，称重，记为 m_2，则固液比 L 可通过下式获得：

$$L = \frac{m_2}{m_1 - m_2} \tag{7-2}$$

（3）阳极腐蚀率

利用 Pb 元素平衡法来测试阳极腐蚀率[27]，并根据式（3－10）计算。其中，电解液中 Pb^{2+} 的变化量的测试方法与 Mn^{2+} 的贫化测试方法相同，阴极锌中的 Pb 含量及电解液中 Pb^{2+} 的变化量取整个条件试验周期内的平均值。

（4）阴极锌品位

从每天剥取的 20 片锌皮中随机抽出 2 片，并在每片锌皮上的左上、正中和右下三处切割 50 mm×50 mm 的样品。将所得样品在马弗炉中熔化，除去表面浮渣后浇注入模具中镀成 ϕ30 mm×40 mm 的测试锭。将锌锭的一面抛光，采用光电直读光谱法分析锌锭中的杂质元素。

（5）阳极电流效率和能耗

将每天获得的锌皮分别打包、称重，并按式（3－8）和式（3－9）分别计算实验槽和对比槽的阴极电流效率和吨锌能耗。

（6）电解液温度

每 4 小时测试一次电解槽出液口的电解液温度。

7.4　低锰电解液电解试验

7.4.1　阳极电位和槽电压

计算每天的平均阳极电位和槽电压，其结果如图 7－6 所示。从图中可以看出，阳极电位和槽电压在开始几天有所上升，而后稍有起伏。这说明在试验过程中，电解液中 Mn^{2+} 逐渐氧化成 MnO_2，并在阳极表面吸附和累积，使阳极表面氧化膜的阻抗有所增加。但由于每天电解液流量的波动，会造成电解液成分以及温度的起伏，从而使阳极电位和槽电压也在一定的范围内波动。

计算 16 天工业试验两类阳极的平均阳极电位和槽电压，其结果如表 7－2 所示。从表中可以看出，多孔阳极 16 天的平均阳极电位和槽电压较传统平板阳极分别降低 85 mV 和 94 mV，说明在工业试验条件下，多孔阳极能够正常发挥其比表面积大的优势，表现出了很好的节能潜力。同时，也可以发现，多孔阳极的槽电压降低值比阳极电位降低值更多。众所周知，槽电压除了包括阳极电位之外，还包括阴极电位、溶液电阻电压降、极板电阻电压降以及各种接触电阻电压降。在试验中发现，多孔阳极电解槽内电解液较传统平板阳极电解槽澄清，电解液静置一段时间后，底部的沉积物较少。这说明多孔阳极由于能够降低 Mn^{2+} 的贫化程度，使电解液中的 MnO_2 悬浮颗粒较传统平板阳极电解槽少，从而有利于降低多孔阳极电解槽的电解液电阻电压降，使槽电压进一步降低。

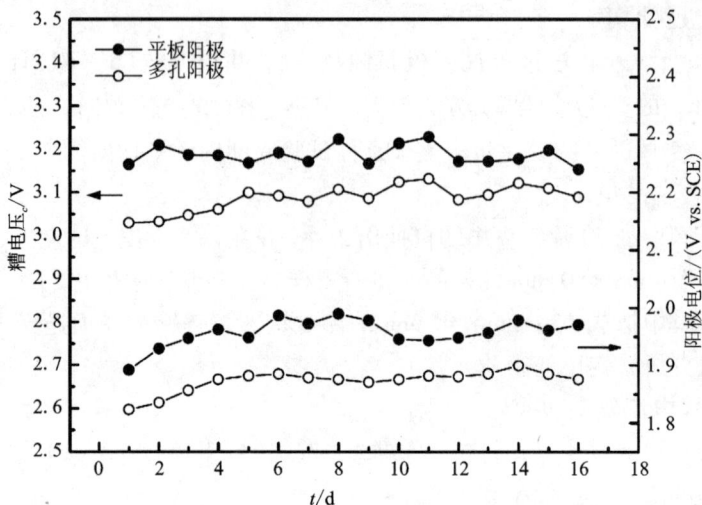

图 7-6 低锰电解液电解试验过程中阳极的阳极电位和槽电压

7.4.2 电效和能耗

在试验过程中的剥锌周期为 24 h，将每天的阴极锌分别打包、称重，计算 16 天的平均值，并根据式(7-4)和式(7-5)计算试验槽和对比槽的电效与能耗，其结果如表 7-3 所示。

从表中可知，多孔阳极较传统平板阳极节能 76 kW·h/t-Zn。根据能量守恒原理，电解过程的能耗主要用于阴极析锌、阳极析氧和电解液发热三个方面。对于一个稳定运行的锌电积系统，阴极析锌和阳极析氧所消耗的理论电能是一定的，额外电能就用于克服阳极析氧过电位以及各种物理电阻(溶液电阻、接触电阻等)发热，即电热效应。因此，在电流密度一定的情况下，阳极电位越高，电化学反应电阻越大，由析氧过电位产生的热量越多，电解液的温度也就越高。在工业试验过程中，全程监控电解槽内电解液的温度，发现每天槽温均在 38～45℃ 的范围内起伏，且多孔阳极电解槽的槽温均较传统平板阳极电解槽低约 1℃，这说明多孔阳极确实可降低电解过程的能耗，同时也减轻了电解液的冷却压力。

表 7-2 低锰电解液电解试验的平均阳极电位和槽电压

项目	阳极电位/(V vs. SCE)		槽电压/V	
	传统平板阳极	多孔阳极	传统平板阳极	多孔阳极
均值	1.960	1.875	3.184	3.090
差值 (vs. 传统平板阳极)	—	-0.085	—	-0.094

表 7-3　低锰电解液电解试验各阳极的电流效率与能耗

阳极	锌日产量 /(kg·d⁻¹)	电效/%	能耗 /(kW·h·t⁻¹-Zn)	节能 /(kW·h·t⁻¹-Zn)
传统平板阳极	281.0	85.7	3045	—
多孔阳极	279.7	85.3	2969	76

从表 7-3 还可以发现,多孔阳极电解槽的电流效率为 85.3%,传统平板阳极的电流效率为 85.7%,两者基本无差异。说明多孔阳极对阴极电流效率无影响,但两者的电流效率均较低。这可能是由于所在工业试验场地为一个小型的电解系统,铜导电排直接铺设在地面。虽然在铜排下垫了橡胶板进行绝缘处理,但明显可见老化、破损现象。再加上每天剥锌时阴极板带出的电解液直接滴在了铜排上,电解液结晶增大了铜排与地面短接的可能性。这些导致铜排的漏电现象严重,实际通过电极的电流减小,从而使阴极电流效率减小。

7.4.3　阴极锌品质

每 4 天分析一次阴极锌的微量元素,其结果如表 7-4 所示。电解液中杂质元素的浓度决定了其在阴极的析出速率,而试验槽和对比槽的电解液来源相同,故电解液中各杂质元素的浓度相同。从表 7-4 可以看出,阴极锌中微量元素的含量除 Pb 外基体相同,这说明多孔阳极对杂质元素在阴极的析出过程没有影响。从后面的数据结果可知,多孔阳极具有较传统平板阳极更小的腐蚀率,大大降低了电解液中的 Pb 浓度,使元素 Pb 在阴极锌中的析出量减少。

计算 16 天中阴极锌的平均含 Pb 量可知,采用传统平板阳极所产锌中的 Pb 含量为 0.0122%,而多孔阳极所产锌中的 Pb 含量平均值只有 0.0058%,为前者的 47.5%。可见,采用多孔阳极,可以大大提高阴极锌的品位。但两者均未达到 0#锌标准(Pb 含量不大于 0.003%),这是由于所采用电解液的 Mn^{2+} 含量过低,阳极表面生成 MnO_2 保护膜的速度慢,厚度薄,不能有效地保护好阳极,使阳极的腐蚀率升高。

表 7-4　阴极锌中的杂质含量/%

电解时间/d		Pb	Cd	Fe	Cu	Sn	Al
多孔阳极	1	0.0059	0.0016	0.0005	0.00114	0.0004	0.0004
	5	0.0087	0.0028	0.0005	0.0008	0.0004	0.0004
	9	0.0055	0.0045	0.0004	0.0013	0.0004	0.0004
	13	0.0032	0.0024	0.0004	0.0011	0.0004	0.0004

续表7-4

电解时间/d		Pb	Cd	Fe	Cu	Sn	Al
传统平板阳极	1	0.012	0.0015	0.0005	0.0011	0.0004	0.0004
	5	0.013	0.0031	0.0005	0.0008	0.0004	0.0004
	9	0.019	0.0042	0.0004	0.0012	0.0004	0.0004
	13	0.0048	0.0014	0.0005	0.001	0.0004	0.0004

图7-7为两种阳极对应阴极锌的表面形貌,可以看出,两阴极锌片较平整、表面无明显的长瘤现象,说明多孔阳极对阴极锌的析出形貌没有影响。

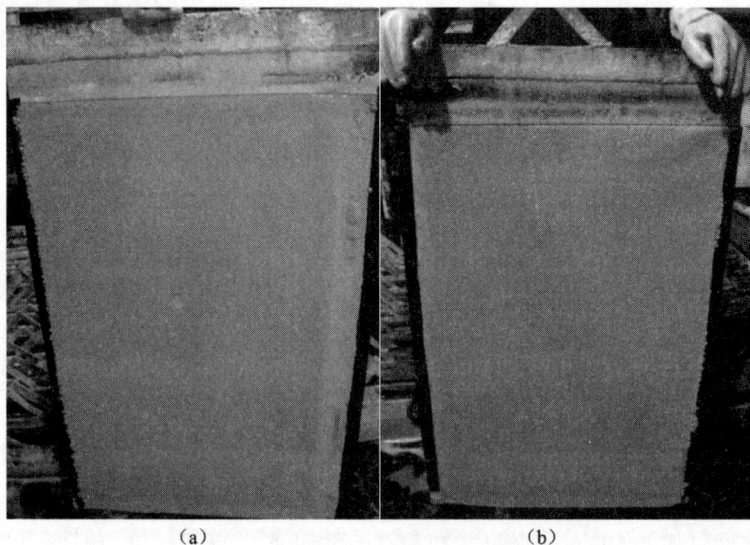

(a)　　　　　　　　　　(b)

图7-7　阴极锌

(a)多孔阳极;(b)传统平板阳极

7.4.4　阳极泥

试验过程中,为了能够在短时间内获得阳极的腐蚀情况和阳极泥的生成情况,每天对混合液(从电解槽的进液口取样)及多孔电解槽和混合电解槽的废液(分别从两个电解槽的出液口取样)中的 Pb 和 Mn 浓度进行检测,表7-5就是各天电解液中 Pb^{2+} 和 Mn^{2+} 浓度的测试结果。

表 7 - 5　低锰电解液电解试验电解液中 Pb 和 Mn 的浓度变化

电解时间 /d	$\rho(Pb)/(g \cdot L^{-1})$			$\rho(Mn)/(g \cdot L^{-1})$		
	混合液	传统阳极废液	多孔阳极废液	混合液	传统阳极废液	多孔阳极废液
1	0.0021	0.0029	0.0023	0.36	0.21	0.28
2	0.00096	0.0012	0.001	0.26	0.14	0.24
3	0.0015	0.00245	0.00165	0.32	0.14	0.21
4	0.0011	0.0022	0.0011	0.34	0.23	0.34
5	0.00036	0.0014	0.0013	0.31	0.21	0.24
6	0.00077	0.0016	0.0011	0.38	0.24	0.38
7	0.0012	0.0018	0.0012	0.38	0.24	0.36
8	0.00095	0.0014	0.0012	0.45	0.27	0.37
9	0.00053	0.00099	0.00065	0.4	0.24	0.38
10	0.00127	0.00138	0.00132	0.52	0.36	0.47
11	0.001	0.0011	0.001	0.19	0.17	0.19
12	0.00098	0.00091	0.00078	0.33	0.25	0.32
13	0.00075	0.0013	0.00084	0.43	0.28	0.4
14	0.0009	0.0015	0.0011	0.4	0.33	0.31
15	0.00089	0.0012	0.00097	0.37	0.29	0.33
16	0.00076	0.001	0.00087	0.41	0.32	0.38
均值	0.0010	0.0015	0.0011	0.37	0.25	0.33

　　从表 7 - 5 可以看出，混合液中的 Mn^{2+} 浓度在 0.3 ~ 0.5 g/L 之间波动，基本达到试验条件。电解过程中部分 Mn^{2+} 会通过以下途径氧化成 MnO_2：

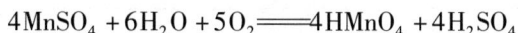

$$4MnSO_4 + 6H_2O + 5O_2 =\!=\!=\!= 4HMnO_4 + 4H_2SO_4$$

$$2HMnO_4 + 3MnSO_4 + 2H_2O =\!=\!=\!= 5MnO_2 + 3H_2SO_4$$

　　生成的大部分沉于电解槽底，一部分随电解液流出，小部分在阳极表面沉积与 PbO_2 形成复合膜保护阳极。由于 MnO_2 的生成，电解液中的部分 Mn^{2+} 被消耗，浓度降低，即发生 Mn^{2+} 的贫化。

　　计算 16 天的平均值可以发现，混合液平均浓度为 0.37 g/L，经过电解后，传统平板阳极电解槽的电解废液中的 Mn^{2+} 浓度降至 0.25 g/L，降低了 0.12 g/L，而多孔阳极的降至 0.33 g/L，仅降低了 0.04 g/L。这说明，多孔阳极可大大降低 Mn^{2+} 的贫化程度，其贫化率仅为传统平板阳极的 1/3。这一方面可以大大减少电

解过程中 Mn^{2+} 的消耗；另一方面，可以减少阳极泥的生成，从而减少掏槽次数，减慢多孔阳极孔洞的阻塞速度，从而减少多孔阳极的除泥频率。

图 7-8 为电解 16 天后阳极的表面形貌，从图中可看出，经过 16 天电解后，多孔阳极表面虽然附着有一薄层阳极泥，但其孔洞没有被阻塞，多孔特性良好，这一方面可使多孔阳极在长时间的工作中能够一直降低阳极电位，另一方面少量阳极泥的附着有利于降低阳极腐蚀率。对于传统平板阳极，可以发现其表面阳极泥的析出形态较多孔阳极明显不同，具有挂附少且不均匀和呈鳞片状析出的特点，这对阳极的耐腐蚀性能极为不利。对经过 16 天电解后的电解槽进行掏槽，发现多孔阳极电解槽内的阳极泥较传统平板阳极少得多，且阳极泥粒度小，成糊状，液固比高，而传统平板阳极电解槽内的阳极泥多，粒度大，阳极泥呈鳞片状。取样分别测出两者阳极泥的液固比，并计算得到多孔阳极和传统平板阳极在 16 天工业试验中所生成的阳极泥干重分别为 51.64 kg 和 107.19 kg，前者只有后者的48.2%。这与电解液中 Mn^{2+} 贫化率的对比有差别，一方面是由于传统平板阳极电解槽中有更多的 MnO_2 被电解液带出，另一方面是由于两种阳极泥中 Mn 的含量不一样。

分析阳极泥中的主要元素的含量，其结果如表 7-6 所示。与传统平板阳极相比，多孔阳极所对应的阳极泥中 Zn、Mn、Pb 的含量减少，而 Ag 得到了一定程度的富集。Zn 含量的减少，可以减少电解液中主元素 Zn 的损失。Mn 含量和阳极泥总量的减少是多孔阳极可以减少电解液中 Mn^{2+} 的贫化程度的有力证明，同时也使干燥后多孔阳极对应的阳极泥颜色较传统平板阳极的浅。阳极泥中 Ag 来自于 Pb-Ag 合金阳极的腐蚀产物，计算两种阳极泥中 Ag 元素的质量可以发现，多孔阳极虽然使 Ag 在阳极泥中富集，但其总量较传统平板阳极少得多，这说明多孔阳极的腐蚀率比传统平板阳极低。同时，Ag 含量的升高，有利于阳极泥中 Ag 的回收。

表 7-6   阳极泥中各主要元素的含量/%

阳极	Zn	Pb	Ag	Mn
传统平板阳极	21.1	3.59	0.0255	17.52
多孔阳极	16.48	2.13	0.0357	12.84

7.4.5 阳极腐蚀率

阳极腐蚀造成的一个直接后果就是电解液中的 Pb^{2+} 浓度升高，因此，电解液中 Pb^{2+} 浓度的变化可以定性表征阳极的耐腐蚀能力。从表 7-5 可以看出，多孔

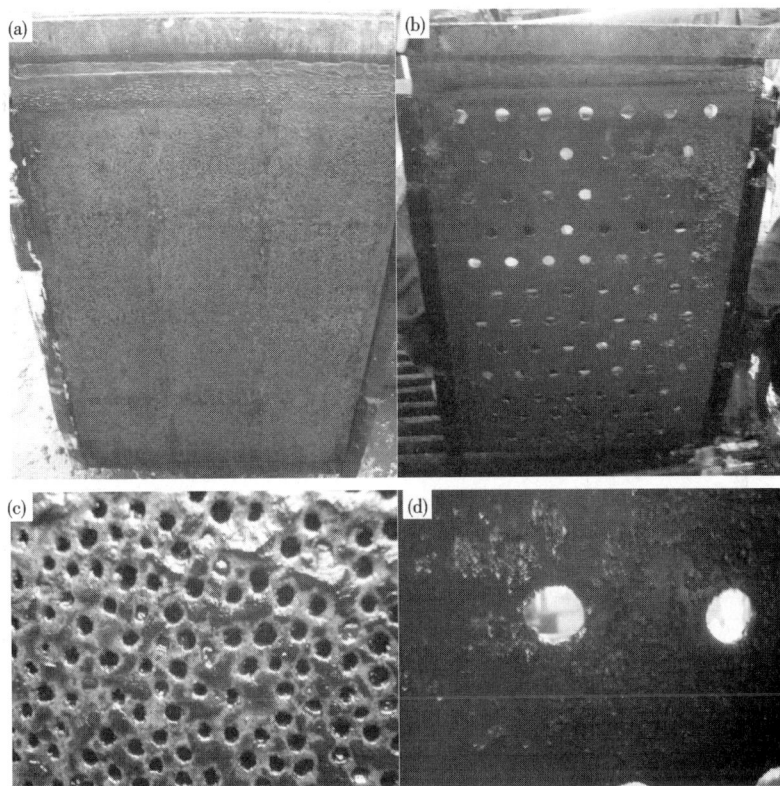

图 7 - 8　电解 16 天后阳极的表面形貌

(a)、(c) 多孔阳极；(b)、(d) 传统平板阳极

阳极在 16 天的工业试验中，电解液中的 Pb^{2+} 浓度较传统平板阳极升高得少得多，混合液的 Pb^{2+} 平均浓度为 0.0010 g/L，经过电解后，传统平板阳极电解槽的电解废液中的 Pb^{2+} 浓度升高至 0.0015 g/L，降低了 0.0005 g/L，而多孔阳极的升至 0.0011 g/L，Pb^{2+} 浓度的增加量仅为传统平板阳极的 20%。这说明多孔阳极的腐蚀率较传统平板阳极要低。计算 16 天工业试验过程中阳极的平均腐蚀速度，其过程如表 7 - 7 所示。结果显示，多孔阳极的腐蚀率为传统平板阳极的 29%，这是多孔阳极的阴极锌中 Pb 含量较传统平板阳极少的根本原因。同时也发现，两类阳极的腐蚀率值均偏小，这是由于阳极泥中含一定的元素 Pb，而一部分阳极泥会随电解液流出电解槽而无法收集。由于电解液的体积和流量均较大，阳极泥的损失也大，从而使用元素平衡法测得的阳极腐蚀率偏低，但数据不影响各阳极间的横向比较。

表 7 - 7 低锰电解液电解试验阳极的平均腐蚀率

阳极	电解液		阴极锌		阳极泥		腐蚀率
	体积 /m^3	$\Delta C_{Pb^{2+}}$ 浓度 /$(g \cdot L^{-1})$	质量 /kg	Pb 含量 /%	质量 /kg	Pb 含量 /%	/$(g \cdot m^{-2} \cdot h^{-1})$
平板阳极	1920	0.0005	4496	0.0122	107.19	3.59	0.62
多孔阳极	1920	0.0001	4475	0.0058	51.64	2.13	0.18

7.5 高锰电解液电解试验

7.5.1 阳极电位和槽电压

高锰电解液电解试验共进行了 8 天。测试每天的阳极电位和槽电压,并计算日平均值,结果如表 7-8 所示。与低锰电解液电解试验类似,各天的阳极电位和槽电压稍有起伏,但多孔阳极的阳极电位和槽电压一直较传统平板阳极要低。对比两类阳极 8 天的电位平均值,多孔阳极的平均阳极电位和槽电压较传统平板阳极分别低了 91 mV 和 116 mV。同时,对比表 7-8 和表 7-2 中数据可发现,电解液中 Mn^{2+} 浓度的提高使两类阳极的阳极电位和槽电压都有一定程度的降低。这是由于电极表面的 MnO_2 除了能够减缓阳极腐蚀速率外,还对阳极的析氧反应具有比 PbO_2 更好的催化活性。电解液中 Mn^{2+} 浓度的提高,使阳极表面更快的生成了一层 MnO_2,使电极表面的氧化膜成分和形貌朝着更有利于 O_2 析出的方向发展。同时,在试验过程中,由于控制问题,电解液的温度较低锰电解液电解试验时偏高,可降低阴、阳极的电化学反应过电位以及溶液电阻电压降。

表 7 -8 高锰电解液电解试验各阳极的阳极电位和槽电压

电解时间 /d	传统平板阳极		多孔阳极	
	阳极电位/(V vs. SCE)	槽电压/V	阳极电位/(V vs. SCE)	槽电压/V
1	1.912	3.126	1.823	2.982
2	1.926	3.127	1.867	3.029
3	1.933	3.131	1.842	3.079
4	1.922	3.127	1.848	3.015
5	1.910	3.092	1.836	3.000
6	1.929	3.089	1.837	3.015
7	1.969	3.147	1.852	2.973
8	1.935	3.139	1.808	2.953
均值	1.930	3.122	1.839	3.006

7.5.2　电效和能耗

计算两种阳极的阴极电流效率和吨锌能耗，其结果如表 7-9 所示。两种阳极高锰电解液电解试验的阴极电流效率基本相同，但比低锰电解液电解试验的稍有降低，这可能与电解液温度高，使阴极的析氢过电位降低有关，同时也再次证明多孔结构对阴极电流效率没有影响。同样，由于多孔阳极降低了槽电压，使得其吨锌能耗较传统平板阳极低了 85 kW·h/t-Zn。

表 7-9　高锰电解液电解试验各阳极的电流效率与能耗

阳极	锌日产量/kg	电效/%	能耗/(kW·h·t^{-1}-Zn)	节能/(kW·h·t^{-1}-Zn)
传统平板阳极	264.5	84.0	3046	—
多孔阳极	261.8	83.2	2961	85

7.5.3　阳极泥

分析、计算 8 天电解试验电解液中 Mn^{2+} 浓度可知，混合液、多孔阳极和传统平板阳极电解槽废液中的平均 Mn^{2+} 浓度分别为 2.27 g/L、2.19 g/L 和 2.01 g/L，多孔阳极电解槽中 Mn^{2+} 的贫化率为传统平板阳极的 30.8%，与低锰电解液电解试验类似。8 天试验后，将槽底阳极泥烘干、称重发现，多孔阳极电解槽的阳极泥只有 21.6 kg，为传统平板阳极的 23.0%，多孔阳极降低电解液中 Mn^{2+} 的贫化效果明显。同样，多孔阳极的阳极泥中 Zn、Pb、Mn 的含量降低，而 Ag 由于阳极泥总量的减少而得到了富集（表 7-10）。

表 7-10　阳极泥中各主要元素的含量/%

阳极	Zn	Pb	Ag	Mn
传统平板阳极	32.28	1.06	0.019	25.13
多孔阳极	21.03	0.51	0.029	11.3

观察电解后的阳极表面（图 7-9），可以发现，多孔阳极表面附着了一层阳极泥浆，且数量较低锰电解液电解试验时多，但孔洞仍然清晰可见。传统平板阳极表面较低锰电解液电解试验时变化较大，表面明显附着了一层较厚的坚硬、鳞片状阳极泥。这是由于电解液中 Mn^{2+} 浓度较高，MnO_2 的生成量增多造成的。多孔

阳极由于其特殊的表面结构和较低的电流密度，使 Mn^{2+} 的贫化变少，且生成的 MnO_2 颗粒细小，成粉状，在 O_2 的逸出过程中很容易被洗刷脱离阳极，从而可以使多孔阳极的多孔特性得到长时间保持。对于传统平板阳极来说，MnO_2 以片状的形式析出，在阳极表面形成一层硬壳。这会增大阳极表面的膜层电阻，从而提高阳极电位和槽电压，这也应当是高锰电解液电解试验前 8 天多孔阳极降电位效果较同期低锰电解液电解试验好的原因。

7.5.4　阳极腐蚀率与阴极锌品质

阳极的平均腐蚀率计算结果如表 7 – 11 所示，多孔阳极的腐蚀率仅为 $0.10\ g/(m^2 \cdot h)$，为传统平板阳极的 17.5%，说明多孔阳极大大降低了阳极腐蚀率。由于电解液中的 Pb 来源于阳极的腐蚀产物，因此，多孔阳极电解槽电解液中 Pb^{2+} 浓度的增加量较传统平板阳极的少，进而使 Pb 在阴极的放电电流减小。从表中可以看出，多孔阳极所对应阴极锌中的 Pb 含量较传统平板阳极少，仅为传统平板阳极的 65.6%。

对比低锰电解液电解试验时的阳极腐蚀率，可知电解液中 Mn^{2+} 浓度的提高，使两种阳极的腐蚀率降低，这有利于延长阳极使用寿命和降低阴极锌中的 Pb 含量。从表 7 – 11 可以看出，高锰电解液电解试验所得阴极锌中的 Pb 含量明显降低。尤其是多孔是阳极，其 Pb 含量已达到了 0# 锌标准（Pb 含量不大于 0.003%），这是多孔阳极较传统平板阳极具有更低腐蚀率的结果。

表 7 – 11　高锰电解液电解试验阳极的平均腐蚀率

阳极	电解液		阴极锌		阳极泥		腐蚀率 /$(g \cdot m^{-2} \cdot h^{-1})$
	体积 /m^3	$\Delta C_{Pb^{2+}}$ /$(g \cdot L^{-1})$	质量 /kg	Pb 含量 /%	质量 /kg	Pb 含量 /%	
平板阳极	960	0.00043	2116	0.0032	93.9	2.12	0.57
多孔阳极	960	0.00017	2094	0.0021	21.6	1.03	0.10

7.6　复合多孔铅合金阳极的效益估算

由以上的工业试验结果可知，复合多孔阳极在对阴极电流效率无影响的前提下，可以显著降低电解过程的槽电压，从而达到节能的目的。以下对复合多孔阳极应用于锌电积工业现场后，相对于传统的平板阳极所能产生的经济效益进行估算。

图 7 - 9　高锰电解液电解试验后阳极的表面形貌

7.6.1　阳极成本

阳极的成本包括原料成本和铸造成本两部分。

工业所用电极尺寸为 975 mm×620 mm×6 mm，质量约为 50 kg/片。当前采用最广泛的锌电积阳极为 Pb – Ag(0.8%)传统平板阳极，以 2011 年 9 月 25 日上海有色金属网的报价，金属铅的价格为 14.85 元/kg，金属银价格为 7380 元/kg。则传统平板阳极的其原料成本为：

$$50 \times 0.8\% \times 7380 + 50 \times 99.2\% \times 14.85 = 3688.56(元)$$

若采用尺寸相同的复合多孔阳极，取复合多孔阳极的孔隙率为 40%，则其原料成本为：

$$50 \times (1 - 40\%) \times 0.8\% \times 7380 + 50 \times (1 - 40\%) \times 99.2\% \times 14.85 = 2213.14(元)$$

根据工厂核算，普通传统平板阳极的铸造成本约为 400 元/片，而采取反重力渗流法铸造复合多孔阳极的过程较传统平板阳极略为复杂，将每片复合多孔阳极的铸造费用提高约50元，则复合多孔阳极的铸造费约450元/片。

由上可知，传统平板阳极和复合多孔阳极的成本分别为4088.56元/片和2663.14元/片。复合多孔阳极由于具有一定的孔隙率，每片阳极的成本节省1425.42元，仅为传统平板阳极的65.1%。

统计资料显示，工业上传统平板阳极的寿命约为8个月。由上节可知，复合多孔阳极腐蚀率为传统平板阳极的17.5%，而多孔阳极板的质量为传统平板阳极的60%左右。若按极板的重量来估算，多孔阳极的使用要较传统平板阳极长得多，但多孔电极腐蚀到一定程度后就会发生整个电极结构的坍塌、破坏，其失效方式与传统平板阳极存在差异，不好对其使用寿命进行具体计算，故在此假设两种阳极的寿命都是8个月。按阴极电流效率84%，电流密度500 A/m²，阳极实际使用面积1.12 m²来计算，则每片阳极的产锌量为：

$$500 \times 1.12 \times 1.22 \times 24 \times 84\% \times 30 \times 8 \approx 3.3 (t - Zn/片)$$

据统计，2010年全国的锌产量为514万吨，其中80%采用湿法过程生产，故每年需要消耗的阳极数为：

$$514 \times 80\% / 3.3 \approx 124.6 (万片)$$

7.6.2 电积能耗

由于目前锌电积电解液中Mn^{2+}浓度一般维持在3~5 g/L，故以高锰电解液电解试验结果作为电积能耗的计算标准，即多孔阳极和传统平板阳极对应的吨锌电耗分别为2961 kW·h/t-Zn和3046 kW·h/t-Zn。目前，工业用电的单价为0.8元/(kW·h)，故采用多孔阳极和平板阳极每生产1 t锌的电费分别为2368.8元和2436.8元。每生产1 t锌采用多孔阳极可节约电费68元。

综上所述，以2010年全国总产锌量计算，采用多孔阳极在阳极成本和电积能耗上消耗的总费用为：

$$2663.14 \times 124.6 \times 10^5 + 2368.8 \times 514 \times 10^5 \times 80\% \approx 130.59 (亿元)$$

采用传统平板阳极的总费用为：

$$4088.56 \times 124.6 \times 10^5 + 2436.8 \times 514 \times 10^5 \times 80\% \approx 151.14 (亿元)$$

故若将多孔阳极在全国的锌电解厂推广应用，以2010年的总产量计算，一年可产生的经济效益约为20.55亿元。可想而知，若在其他有色金属的湿法冶金过程中推广，如Cu、Mn、Ni、Cd、Co等，将产生更大的经济效益。同时，多孔阳极可用在其他领域，如铅酸电池、有机电合成、有色金属电镀等。

7.7　本章小结

（1）由于其表面积的增大，多孔阳极降低了电极表面的真实电流密度，从而使阳极电位降低。同时，多孔阳极可减少 Mn^{2+} 的贫化，使电解液中悬浮的 MnO_2 颗粒减少，降低溶液电阻电压降，有利于进一步降低槽电压。在低锰和高锰电解液电解试验中，多孔阳极的平均阳极电位较传统阳极分别降低了 85 mV 和 91 mV，而槽电压分别降低了 94 mV 和 116 mV。

（2）多孔阳极对阴极锌的析出形态和电流效率影响较小，在整个工业试验过程中，阴极电流效率均维持在 83% ~ 85%。但由于多孔阳极降低了槽电压，从而降低了电解过程的吨锌电耗。在低锰和高锰电解液电解试验中，多孔阳极的吨锌电耗分别为 2969 kW·h/t - Zn 和 2961 kW·h/t - Zn，分别较传统平板阳极节省电耗 76 kW·h/t - Zn 和 85 kW·h/t - Zn。

（3）阳极结构影响了 MnO_2 的析出形态和析出效率。对于多孔阳极，电极表面生成的 MnO_2 呈粉末状，容易被析出的 O_2 冲刷掉，可减缓阳极孔洞的阻塞，延长阳极的使用周期。对于传统平板阳极，电极表面生成的 MnO_2 呈坚硬的鳞片状，容易在电极表面积累、增厚而使膜电阻升高。同时，多孔阳极降低了 Mn^{2+} 的贫化程度，在低锰和高锰电解液电解试验中，阳极泥生成量分别为传统平板阳极的 48.2% 和 23.0%。且前者的阳极泥中的 Ag 含量高，有利于贵金属 Ag 的回收。

（4）多孔阳极可显著降低阳极腐蚀率，使电解液中 Pb^{2+} 的浓度增加量较少，从而提高了阴极锌品质，延长了阳极的使用寿命。在低锰和高锰电解液电解试验中，其腐蚀率分别为传统平板阳极的 29% 和 17.5%，所对应阴极锌中的 Pb 含量分别为传统平板阳极的 47.5% 和 65.6%，达到了 0# 锌标准。

（5）多孔阳极由于可以大大减少阳极合金材料的使用量，降低吨锌能耗，将其应用于工业实践，可产生巨大的社会经济效益。若将复合多孔阳极推广应用于全国的湿法炼锌系统，以中国 2010 年的锌总产量计算，一年可产生经济效益约为 20.55 亿元。

后记

本书从复合多孔阳极的实验室设计开发、结构优化、合金成分优化以及电化学行为等方面向读者介绍了作者目前从事的研究工作，对其在锌电积和铜粉电积过程应用的关键技术进行了研究，制备出了工业尺寸的复合多孔阳极，并在锌电积现场进行了工业试验，取得了一定的成果。但是，本课题涉及多个学科知识的交叉，实验流程长，跨度大，影响因素多，加上作者能力有限，所得结果略显粗糙，在许多方面还需要进行深入研究和进一步完善。在此，就作者研究过程中所获得的经验和体会，对多孔阳极研究提出以下建议，以供参考：

（1）对多孔阳极的电化学行为还需做进一步的深入研究。虽然本书采用 CV、CP 和 Tafel 曲线对多孔阳极表面氧化膜的形成、传质和传荷特点进行了阐述，但许多结论还停留在推论阶段，未能进行直接的证明。如溶质离子在多孔阳极内部的传质特点，可通过测试离子的扩散系数来研究和表征；多孔阳极由于电化学反应程度的不均匀性，具有特征深度，论文只通过实验现象进行了推测，可通过数学建模来精确计算；阳极氧化膜成分会影响其阻抗和析氧性能，本书也只通过实验数据得出推论，可利用 EIS 等技术进行直接测量。

（2）进一步开发 Al 基"反三明治"结构复合多孔阳极。本书虽然提出了"反明治"这一新型结构，大幅度提升了纯多孔阳极的性能，但仍然没有摆脱掉金属铅重、软的缺点。本书的研究结果也表明，芯板对阳极力学性能、导电性能以及阳极表面电流密度分布起决定性影响。因此，可将芯板材料更换成较金属铅质量轻、强度高和导电性好的金属铝及其合金。作者在研究过程中，已经成功地解决了金属铝表面镀制成分和厚度可控、镀层完整的铅合金镀层，但还未能成功地将Al/Pb复合材料与外层多孔金属实现冶金结合。今后可从复合材料的制备工艺和设备两个方面进行研究，实现铝基"反三明治"结构复合多孔阳极的成功制备与应用，可预见其性能和成本将较本书中的复合多孔阳极具有更进一步的提升。

（3）进一步降低多孔阳极中铅合金的铝含量，以降低阳极原料成本。对于有色金属湿法冶金电积过程的节能，企业最看重阳极腐蚀率和阳极原料成本两方面。多孔阳极可显著降低阳极腐蚀率和原料用量，这是其诱人之处。同时，分析阳极合金的原料成本构成，可以知道贵金属 Ag 占据原料总成本的 80% 以上。本书虽然提出了一种低 Ag 含量 Pb – Ag – Nd 合金，但 Ag 含量的降低程度还不够，或许可以充分利用多孔阳极能够降低阳极腐蚀率的特点，牺牲基体金属一部分耐腐蚀性能，直接降低合金中的 Ag 含量。

（4）开发工业尺寸复合多孔阳极的高效铸造装备。该研究在实验室自行设计、加工了工业尺寸复合多孔阳极的反重力渗流铸造装置，并成功制备出了合格的复合多孔阳极。但该制备过程基本为手工过程且设备设计较为简单，模具的温度均匀性得不到保障，制备效率低、成品率不高，这是目前复合多孔阳极工业应用的一大障碍。因此，当务之急是与具有相关经验的专业厂家合作，在现行装置的基础上，对设计进行改进，提高铸造过程的自动化程度，以适应工业应用的需要。

（5）继续在工业现场长时间考验复合多孔阳极。本书利用工业尺寸复合多孔阳极在河南豫光锌业有限公司现场进行了工业试验，并取得了良好的效果。但时间还不够长。接下来，可保持本书所述的高锰电解液电解试验条件，开展更长时间的工业试用，以形成完善的复合多孔阳极在锌电积工业的应用技术。并以此为依据，推广应用至其他有色金属的湿法冶金过程。

参考文献

[1] C. Cachet, C. Rerolle, R. Wiart. Kinetics of Pb and Pb – Ag anodes for zinc electrowinning. Electrochemical Acta, 1996, 41(1): 83 – 90.

[2] 王钧扬. 锌电积的节电探讨. 湖南冶金, 2003, 31(2): 45 – 48.

[3] Aromaa J, Evans J. M. Electrowinning of metals. Encyclopedia of Electrochemistry, 2007, (5): 159 – 265.

[4] Cifuentes L, Astete E, Crisostomo G. Corrosion and protection of lead anodes in acidic copper sulphate solutions. Corrosion Engineering, Science and Technology, 2005, 40(4): 321 – 327.

[5] Rashkov St, Dobrev Ts, Noncheva Z. Lead – cobalt anodes for electrowinning of zinc from sulphater electrolytes. Hydrometallurgy, 1999, 52: 223 – 230.

[6] Jeffers T H, Groves R D. Electrowinning extraction acid Pb – Sb anodes copper from solvent strip solution using. Metallurgical Transactions, 1977, (8): 115 – 119.

[7] Nguyen T, Atrens A. Influence of lead dioxide surface films on anodic oxidation of a lead alloy under conditions typical of copper electrowinning. Journal of Applied Electrochemistry, 2008, 38: 569 – 577.

[8] Ivanov I, Stefanov Y, Noncheva Z, et al. Insoluble anodes used in hydrometallurgy Part I. Corrosion resistance of lead and lead alloy anodes. Hydrometallurgy, 2000, 57: 109 – 124.

[9] Ivanov I, Stefanov Y, Noncheva Z, et al. Insoluble anodes used in hydrometallurgy Part II. Anodic behaviour of lead and lead – alloy anodes. Hydrometallurgy, 2000, 57: 125 – 139.

[10] Lupi C, Pilone D. New lead alloy anodes and organic depolarizer utilization in zinc electrowinning. Hydrometallurgy, 1997, 44: 347 – 358.

[11] Petrova M, Noncheva Z, Dobrev Ts, et al. Investigation of the processes of obtaining plastic treatment and electrochemical behaviour of lead alloys in their capacity as anodes during the electroextraction of zinc I. Behaviour of Pb – Ag, Pb – Ca and Pb – Ag – Ca alloys. Hydrometallurgy, 1996, 40: 293 – 318.

[12] Oliveira – Sousa A De, Silva M A S Da, Machado S A S, et al. Influence of the preparation method on the morphological and electrochemical properties of Ti/IrO$_2$ – coated electrodes. Electrochemica Acta, 2000, 45: 4467 – 4473.

[13] Hu J M, Zhang J Q, Cao C N. Oxygen evolution reaction on IrO$_2$ – based DSA type electrodes: Kinetics analysis of Tafel lines and EIS. International Journal of Hydrogen Energy, 2004, 29: 791 – 797.

[14] Ma H C, Liu C P, Liao J H. Study of ruthenium oxide catalyst for electrocatalytic performance in oxygen evolution. Journal of Molecular Catalysis A: Chemical, 2006, 247: 7 – 13.

[15] Song S D, Zhang H M, Ma X P, et al. Electrochemical investigation of electrocatalysts for the oxygen evolution reaction in PEM water electrolyzers. International Journal of Hydrogen Energy, 2008, 33: 4955 – 4961.

[16] Jirkovsky J, Makarova M, Krtil P. Particle size dependence of oxygen evolution reaction on nanocrystalline RuO_2 and $Ru_{0.8}Co_{0.2}O_{2-x}$. Electrochemistry Communications, 2006, (8): 1417 – 1422.

[17] Macounová K, Jirkovsky J, Marina V. Oxygen evolution on $Ru_{1-x}Ni_xO_{2-y}$ nanocrystalline electrodes. J Solid State Electrochem, 2009, 13: 959 – 965.

[18] Shrivastava P, Moats M S. Ruthenium palladium oxide – coated titanium anodes for low – current – density oxygen evolution. Journal of the Electrochemical Society, 2008, 155 (7): E101 – E107.

[19] Marshall A, Borresen B, Hagen G, et al. Iridium oxide – based nanocrystalline particles as oxygen evolution electrocatalysts. Russian Journal of Electrochemistry, 2006, 42 (10): 1134 – 1140.

[20] Ye Z G, Meng H M, Sun D B. New degradation mechanism of $Ti/IrO_2 + MnO_2$ anode for oxygen evolution in 0.5 m H_2SO_4 solution. Electrochimica Acta, 2008, 53: 5639 – 5643.

[21] A. Marshall, B. Børresen, G. Hagen, et al. Electrochemical characterisation of $Ir_xSn_{1-x}O_2$ powders as oxygen evolution electrocatalysts. Electrochimica Acta, 2006, 51 (15): 3161 – 3167.

[22] Cattrin S, Guerriero P, Musiani M. Preparation of anodes for oxygen evolution by electrodeposition of composite Pb and Co oxides. Electrochimica Acta, 2001, 46: 4229 – 4234.

[23] Dalchiele E A, Cattarin S, Musiani M. Electrodeposition studies in the $MnO_2 + PbO_2$ system: formation of $Pb_3Mn_7O_{15}$. Journal of Applied Electrochemistry, 2000, 30: 117 – 120.

[24] Singh R N, Singh J P, Singh N K, et al. Sol – gel derived spinel $M_xCo_{3-x}O_4$ (M = Ni, Cu; $0 \le x \le 1$) films and oxygen evolution. Electrochimica Acta, 2000, 45: 1911 – 1919.

[25] Singh R N, Singh J P, Lal B, et al. Preparation and characterization of $CuFe_{2-x}Cr_xO_4$ ($0 \le x \le 1$) nano – spinels for electrocatalysis of oxygen evolution in alkaline solutions. International Journal of Hydrogen Energy, 2007, 32: 11 – 16.

[26] 梁镇海, 孙彦平. $Ti/SnO_2 + Sb_2O_3 + MnO_2/PbO_2$ 阳极的性能研究. 无极材料学报, 2001, 16 (1): 183 – 187.

[27] 衷水平. 锌电积用铅基多孔节能阳极的制备、表征与工程化试验 [博士学位论文]. 长沙: 中南大学, 2009.

[28] Shuiping Zhong, Yanqing Lai, Liangxing Jiang, et al. Fabrication and anodic polarization behavior of lead – based porous anodes in zinc electrowinning. Journal of Central South University of Technology, 2008, (15): 757 – 762.

[29] 陈文革, 张强. 泡沫金属的特点、应用、制备与发展. 粉末冶金工业, 2005, 15 (2): 37 – 42.

[30] 杨雪娟, 刘颖, 李梦等. 多孔金属材料的制备及应用. 材料导报, 2007, 21 (8): 380 – 383.

[31] John Banhart. Manufacture, characterisation and application of cellular metals and metal foams.

Progress in Materials Science, 2001, 46(6): 559 - 632.

[32]刘荣佩，左孝青，杨晓源等. 渗流铸造法制备多孔泡沫金属电极. 云南冶金, 2000, 29(1): 37 - 39.

[33]刘荣佩，左孝青，张林洪. 渗流铸造多孔泡沫铅电极的性能测试分析. 机械工程材料, 2002, 26(3): 32 - 34.

[34]宝鸡有色金属研究所. 粉末冶金多孔材料(下册). 北京: 冶金工业出版社. 1977.

[35]曹立宏，马颖. 多孔泡沫金属材料的性能及其应用. 甘肃科技, 2006, 22(6): 117 - 121.

[36]刘培生，李铁藩，傅超等. 多孔金属材料的应用. 功能材料, 2001, 32(1): 12 - 15.

[37]汤慧萍，张正德. 金属多孔材料发展现状. 稀有金属材料与工程, 1997, 26(1): 1 - 6.

[38]李海涛，朱锡，石勇等. 多孔吸声材料的研究进展. 材料科学与工程学报, 2004, 22(6): 394 - 398.

[39]L J Gibson, M F Ashby. 多孔固体结构与性能（刘培生）. 北京: 清华大学出版社, 2003.

[40]刘培生. 泡沫金属的经典性模型——Gibson - Ashby 模型浅析. 有色金属, 2005, 57(2): 55 - 57.

[41]刘培生. 泡沫金属力学性能的若干问题. 稀有金属材料与工程, 2004, 33(5): 473 - 477.

[42]Belhadj Abd - Elmouneim, Kaoua Sid - Ali, Azzaz Mohammed, et al. Elaboration and characterization of metallic foams based on tin - lead. Materials Science and Engineerging A, 2008,

[43]卢天健，何德坪，陈常青等. 超轻多孔金属材料的多功能特性及应用. 力学进展, 2006, 36 (4): 517 - 535.

[44]卢天健，刘涛，邓子辰. 多孔金属材料多功能设计的若干进展. 力学与实践, 2008, 30(1): 1 - 9.

[45]Jahan - Bakhsh Raoof, Reza Ojani, Abolfazl Kiani, et al. Fabrication of highly porous Pt coated nanostructured Cu - foam modified copper electrode and its enhanced catalytic ability for hydrogen evolution reaction. International Journal of Hydrogen Energy, 2010, 35(2): 452 - 458.

[46]John S. Wang, Ping Liu, Elena Sherman, et al. Formulation and characterization of ultra - thick electrodes for high energy lithium - ion batteries employing tailored metal foams. Journal of Power Sources, 2011, 196(20): 8714 - 8718.

[47]H. B. Dai, Y. Liang, P. Wang, et al. High - performance cobalt - tungsten - boron catalyst supported on Ni foam for hydrogen generation from alkaline sodium borohydride solution. International Journal of Hydrogen Energy, 2008, 33(16): 4405 - 4412.

[48]N. Michailidis. Strain rate dependent compression response of Ni - foam investigated by experimental and FEM simulation methods. Materials Science and Engineering: A, 2011, 528(12): 4204 - 4208.

[49]Yusuke Yamauchi, Masaki Komatsu, Azusa Takai, et al. Direct deposition of nanostructured Pt particles onto a Ni foam from lyotropic liquid crystalline phase by displacement plating. Electrochimica Acta, 2007, 53(2): 604 - 609.

[50]Mohamed Shehata Aly. Effect of pore size on the tensile behavior of open - cell Ti foams: Experimental results. Materials Letters, 2010, 64(8): 935 - 937.

[51] S. V. Raj, L. J. Ghosn. Failure maps for rectangular 17 – 4PH stainless steel sandwiched foam panels. Materials Science and Engineering: A, 2008, 474(1 – 2): 88 – 95.

[52] Xiang – Yang Zhou, Jie Li, Bo Long, et al. The oxidation resistance performance of stainless steel foam with 3D open – celled network structure at high temperature. Materials Science and Engineering: A, 2006, 435 – 436: 40 – 45.

[53] A. Paul, T. Seshacharyulu, U. Ramamurty. Tensile strength of a closed – cell Al foam in the presence of notches and holes. Scripta Materialia, 1999, 40(7): 809 – 814.

[54] Y. Y. Zhao, D. X. Sun. A novel sintering – dissolution process for manufacturing Al foams. Scripta Materialia, 2001, 44(1): 105 – 110.

[55] Simančík. Reproducibility of aluminium foam properties // Cellular Metals and Metal Foa ming Technology. J. Banhart, M. F. Ashby, N. A. Fleck. MIT – Verlag: Bremen, 2001, 235.

[56] František Simancik, Walter Rajner, Rainhard Laag. Reinforced alulight for structural use // Processing and Properties of Lightweight Cellular Metals and Structures (TMS Annual Meeting). 2002. Seattle, USA.

[57] H. P. 蒂吉斯切, B. 克雷兹特. 多孔泡沫金属 (左孝青, 周芸). 北京: 化学工业出版社, 2005.

[58] John Banhart, Hans – Wolfgang Seeliger. Aluminium Foam Sandwich Panels: Manufacture, Metallurgy and Applications. Advanced Engineering Materials, 2008, 10(9): 793 – 802.

[59] 张敏, 于九明. 金属夹心 h 复合板及其制备技术的发展. 焊接技术, 2003, 32(6): 21 – 25.

[60] T. Bernard, H. W. Bergmann, C. Haberling, et al. Joining technologies for Al – foam—Al – sheet compound structures. Advanced Engineering Materials, 2002, 4(10): 798 – 802.

[61] 伊藤泰永. 铝合金钎焊蜂窝板及其应用. 国外机车车辆工艺, 2002, (9): 21 – 25.

[62] 石丸靖男. 高速铁道车辆用钎焊铝蜂窝板及其加工. 国外机车车辆工艺, 2001, (2): 11 – 17.

[63] 山口进吾. 蜂窝状焊接构件的设计制造. 国外机车车辆工艺, 1994, (5): 11 – 17.

[64] 南田腾宏. ハニカムパネル及ひハニカムパネルの制造方法. 日本: 特开平 5 – 31589.

[65] 曲文卿, 张彦华. TLP 连接技术研究进展. 焊接技术, 2002, 31(3): 4 – 5.

[66] Nabavi A, Vahdati Khaki J. Manufacturing of alu minum foam sandwich panels: Comparison of a novel method with two different conventional methods. Journal of Sandwich Structures and Materials, 2011, 13(2): 177 – 187.

[67] 梁晓军, 朱勇刚, 陈锋等. 泡沫铝三明治结构的制备. 江苏冶金, 2004, 32(1): 7 – 12.

[68] Reimund Neugebauer, Carsten Lies, Jörg Hohlfeld, et al. Adhesion in sandwiches with aluminum foam core. Production Engineering, 2007, 1(3): 271 – 278.

[69] Gauthier M, Lefebvre L P, Thomas Y. Production of metallic foams having open porosity using a powder metallurgy approach. Materials and Manufacturing Processes, 2004, 19 (5): 793 – 811.

[70] Stöbener K, Baumeister J, Lehmhus D, et al. Composites based on metallic foams: Phenomenology, production, properties and principles // International Conference Advanced Metallic Materi-

als 2003: Smolenice, Slovakia. 2003, 281 – 286.

[71] Kunze H. D, Baumeister J, Banhart J, et al. P/M technology for the production of metal foams. Powder Metallurgy International, 1993, 25(4): 182 – 185.

[72] KÖRNER Carolin, HIRSCHMANN Markus, WIEHLER Harald. Integral foam moulding of light metals. Materials Transactions, 2006, 47(9): 2188 – 2194.

[73] H. Wiehler, C. Körner, R. F. Singer. High pressure integral foam moulding of Aluminium – process technology. Advanced Engineering Materials, 2008, 10(3): 171 – 178.

[74] Carolin Koerner. Integral foam molding of light metals: Technology, foam physics and foam simulation. Verlag Berlin Heidelberg: Springer. 2008.

[75] 郭铁明, 季根顺, 马勤等. 弥散强化型导电铜基复合材料的研究进展. 材料导报, 2007, 21 (7): 27 – 32.

[76] 李松瑞. 铅及铅合金. 长沙: 中南工业大学出版社. 1996.

[77] Roberts David Henry. Improvements relating to dispersion strengthened lead. UK: GB1122823A, 1965. 5. 19.

[78] Keith Ebdon Denis. Dispersion hardening of lead. USA: US3189989, 19630520.

[79] Henry R Huffman, John Ivor Evans David. Dispersion strengthened lead battery grids. USA: US3310438, 1966. 02. 17.

[80] Joseph L Rooney, John Badger. Dispersion lead alloys for battery grids. USA: US3253912, 19630520.

[81] Y Cartigny, J M Fiorani, A Maître, et al. Pb – based composites materials for grids of acid battery. Materials Chemistry and Physics, 2007, 103(2 – 3): 270 – 277.

[82] H C Wesson. Improving the mechanical properties of lead by dispersion strengthening. Light Metals Metal Ind. , 1965, 28(330): 71 – 72.

[83] 毛小南, 张鹏省, 于兰兰等. 纤维增强钛基复合材料研究新进展. 稀有金属快报, 2005, 24 (5): 1 – 7.

[84] B. Esmaeillou, J. Fitoussi, A. Lucas, et al. Multi – scale experimental analysis of the tension – tension fatigue behavior of a short glass fiber reinforced polyamide composite. Procedia Engineering, 2011, 10(0): 2117 – 2122.

[85] 王延斌, 苏勋家, 侯根良等. 碳纤维增韧陶瓷基复合材料界面的研究. 材料导报, 2007, 21: 431 – 433.

[86] Eric N. Brown, Philip J. Rae, Dana M. Dattelbaum, et al. Rate dependent response and failure of a ductile epoxy and carbon fiber reinforced epoxy composite. Dynamic Behavior of Materials, 2011, 1: 401 – 402.

[87] Pengfei Yan, Guangchun Yao, Jianchao Shi, et al. , Preparation and Characterization of Short Carbon Fiber Reinforced Aluminium Matrix Composites// Supplemental Proceedings. John Wiley & Sons, Inc. 2011, 199 – 204.

[88] 郝元恺, 肖加余. 高性能复合材料学. 北京: 化学工业出版社. 2004.

[89] N E Bagshaw. Lead alloys: Past, present and future. Journal of Power Sources, 1995, 53(1):

25 – 30.

[90]李党国,周根树,林冠发等. 稀土 – 铅合金在硫酸溶液中阳极行为研究. 中国稀土学报, 2005, 23(2): 224 – 227.

[91]薛松柏,马鑫,钱乙余等. 镧与 Sn – Pb 合金体系中组元的相互作用关系. 中国稀土学报, 2000, 18(4): 334 – 336.

[92]马鑫,钱乙余,吉田综仁. 稀土对近共晶 Sn60 – Pb40 软钎料合金凝固组织及高温力学性能的影响. 中国稀土学报, 2000, 18(2): 135 – 137.

[93]朱颖,康慧,曲平等. Sn – Pb – RE 钎料的塑性变形抗力研究. 中国稀土学报, 1999, 17 (2): 145 – 148.

[94]Mori T, Koda M, Monzen R. Particle blocking in grain boundary sliding and associated internal friction. Acta Metallurgica, 1983, 32(2): 275 – 283.

[95]李道韫,徐连棠,傅念新等. 稀土防止高铅青铜偏析的研究. 中国稀土学报, 1991, 9(1): 56 – 60.

[96]邱聿成,叶英宁,吴炳乾. 代 ZQSn6 – 6 – 3 轴承套材料的加稀土铅青铜. 机械工程材料, 1984, 2: 54 – 57.

[97]杨习文,唐有根,舒宏等. 添加富铈稀土对低锑合金结构及电化学性能的影响. 中国有色金属学报, 2006, 16(10): 1817 – 1822.

[98]贺小红. 磁场凝固处理对低锑稀土铅合金的微观结构和电化学性能的影响[硕士学位论文]. 长沙: 中南大学, 2007.

[99]唐有根,贺小红,杨习文等. 添加铈对低锑铅合金的微观结构及电化学性能的影响. 中国稀土学报, 2007, 25(3): 323 – 328.

[100]陈有孝. 免维护密闭铅酸蓄电池板栅合金的研究[硕士学位论文]. 天津: 天津大学, 1991.

[101]Hou – tian Liu. A lead – tin – rare earth alloy for VRLA batteries. Journal of Electrochemical Society, 2004, 151(7)

[102]柳厚田,杨春晓,梁海河. 铈对铅钙锡合金在硫酸溶液中阳极行为的影响. 电化学, 2000, 6(3): 265 – 271.

[103]Hou – tian Liu. The anodic films on lead alloys containing rare – earth elements as positive grids in lead acid battery. Materials Letters, 2003, (57): 4597 – 4600.

[104]柳厚田,张新华,杨炯等. 铈降低在硫酸溶液中生长的阳极 Pb(II)氧化物膜的电阻的研究. 化学学报, 2002, 60(4): 643 – 646.

[105]Hou – Tian Liu, Jiong Yang, Hai – He Liang, et al. Effect of cerium on the anodic corrosion of Pb – Ca – Sn alloy in sulfuric acid solution. Journal of Power Sources, 2001, 93(1 – 2): 230 – 233.

[106]柳厚田,张新华,杨炯等. 铈降低在硫酸溶液中生长的阳极 Pb(II)氧化物膜的电阻的研究. 化学学报, 2002, 60(4): 643 – 646.

[107]张新华,杨炯,周彦葆. 温度对铅铈合金在硫酸溶液中阳极 Pb(II)膜生长速率的影响的研究. 蓄电池, 2001, 38(4): 3 – 5.

[108] 杨炯，梁海可，柳厚田. 铅铈和常用板栅合金在硫酸溶液中生成的阳极膜的比较. 复合学报，2000，39(4)：427-431.

[109] 柳厚田，杨春晓，杨炯等. 铅镧和铅钐合金在硫酸溶液中生长的阳极膜性质研究. 电化学，2001，(7)：439.

[110] 杨春晓. 铅钐铅镧合的阳极 Pb(Ⅱ)氧化物膜的性质研究 [硕士学位论文]. 上海：复旦大学，2002.

[111] 张新化. 稀土元素对铅及其合金阳极腐蚀影响的研究 [硕士学位论文]. 上海：复旦大学，2003.

[112] Yan - bao Zhou, Xin - hua Zhang. Effect of Pr and Gd on the Formation of Anodic Films on Pb Electrodes in Sulfuric Acid Solution. 204th ECS Meeting. 2004：204th ECS Meeting.

[113] 杨春晓，张新华，周彦葆等. Pb - Gd 合金在硫酸溶液中生长的阳极 Pb(Ⅱ)膜的阻抗的研究. 复旦大学学报(自然科学版)，2004，43(4)：584-588.

[114] Yan - Bao Zhou, Hou - Tian Liu, Wen - Bin Cai, et al. A lead - tin - rare earth alloy for VRLA batteries. Journal of the Electrochemical Society, 2004, 151(7)：A978 - A982.

[115] 柳厚田，张新华. Sm 对硫酸溶液中阳极 Pb(Ⅱ)氧化物膜的影响 // 第八届全国铅酸电池学术年会论文. 第八届全国铅酸电池学术年会论文，2002，12.

[116] 周彦葆，马敏. 稀土元素 Sm 代替 Pb - Ca - Sn 合金中 Ca 对铅合金在硫酸溶液中阳极行为的影响. 复旦大学学报(自然科学版)，2003，(42)：930-934.

[117] Hou - tian Liu. Comparison of Pb - Sm - Sn and Pb - Ca - Sn alloys for the positive grids in a lead acid battery. Journal of Alloys and Compounds, 2004, (365)：108-111.

[118] 周彦葆. 一种新型铅钐锡正极板栅合金. 蓄电池，2003，24(9)：1677-1679.

[119] H. Y. Chen, S. Li, A. J. Li, et al. Lead - samarium alloys for positive grids of valve - regulated lead - acid batteries. Journal of Power Sources, 2007, 168(1)：79-89.

[120] Hou - Tian Liu, Chun - Xiao Yang, Xin - Hua Zhang, et al. Effects of samarium on the properties of the anodic Pb(Ⅱ) oxides film formed on Pb in sulfuric acid solution. Chinese Journal of Chemistry, 2002, 20(6)：591-595.

[121] 杨春晓，王会锋，周彦葆. 铅 - 稀土合金在 VRLA 电池中的应用. 蓄电池，2005，42(4)：79-80.

[122] 杨春晓，王会锋，马敏. 铅 - 镱合金在硫酸溶液中的阳极行为. 复旦大学学报，2005，42(6)：1023-1027.

[123] 魏杰，赵利. 含铈和钇的铅酸蓄电池板栅合金添加剂. 中国有色金属学报，2003，13(2)：497-501.

[124] Fleschmann M, Thirsk H R. An investigation of electrochemical kinetics at constant overvoltage, the behaviour of the lead diaxide electrode. Part 5.—The formation of lead sulphate and the phase change to lead dioxide. Transactions of the Faraday Society, 1955, 51：71-95.

[125] Pavlov D, Zanova S, Papazov G. Photoelectrochemical properties of the lead during anodic oxidation in sulfuric acid solution. Journal of the Electrochemical Society, 1977, 124(10)：1522-1528.

[126] Ruetschi P. Ion selectivity and diffusion potentials in corrosion layer – PbSO₄ film on Pb in H₂SO₄. Journal of Electrochemical Society, 1973, 120(3): 331 –336.

[127] M. N. C. Ijomah. Electrochemical behavior of some lead alloys. Journal of Electrochemical Society, 1987, 134(12): 2960 –2966.

[128] Yoshifijmi Yamamoto, Koichi Fu mino, Takumi Ueda, et al. A potentiodynamic study of the lead electrode in sulphuric acid solution. Elecmchimica Acta, 1992, 37(2): 199 –203.

[129] D. Pavlov, C. N. Poulieff, E. Klaja, et al. Dependence of the composition of the anodic layer on the oxidation potential of Lead in sulfuric acid. Journal of the Electrochemical Society, 1969, 116(3): 316 –319.

[130] Nam Bui, Patrick Mattesco, Patrice Simon, et al. The tin effect in lead – calcium alloys. Journal of Power Sources, 67(1 –2): 61 –67.

[131] N. A. Hampson, J. B. Lakeman. Fundamentals of lead – acid cells: Part XI. Phase formation at solid and porous lead electrodes. Journal of Electroanalytical Chemistry and Interfacial Electrochemistry, 1979, 107(1): 177 –188.

[132] 柳厚田, 王群洲, 万咏勤等. 硫酸溶液中铅阳极膜研究的几个问题(二). 电化学, 1996, 2(2): 123 –127.

[133] G. Archdale, J. A. Harrison. The electrochemical dissolution of Pb to form PbSO₄ by a solution – precipitation mechanism. Journal of Electroanalytical Chemistry and Interfacial Electrochemistry, 1972, 34(1): 21 –26.

[134] R. G. Barradas, D. S. Nadezhdin. Some observations on the effects of temperature and illumination on the anodic passivation of lead in sulphuric acid. Journal of Electroanalytical Chemistry and Interfacial Electrochemistry, 1983, 158(1): 165 –173.

[135] M. Dimitrov, K. Kochev, D. Pavlov. The effect of thickness and stoichiometry of the PbO layer upon the photoelectric properties of the Pb/PbO/PbSO₄/H₂SO₄ electrode. Journal of Electroanalytical Chemistry and Interfacial Electrochemistry, 1985, 183(1 –2): 145 –153.

[136] 翟和生. 铅电极在硫酸溶液中电化学行为研究 [博士学位论文]. 厦门: 厦门大学, 1993.

[137] V. I. Birss, M. T. Shevalier. The Lead anode in alkaline solutions Ⅲ. growth of thick PbO films. Journal of Electrochemical Society, 1990, 137(9): 2643 –2647.

[138] Kathryn R. Bullock, Glenn M. Trischan, Robert G. Burrow. Photoelectrochemical and microprobe laser Raman studies of Lead corrosion in sulfuric acid. Journal of Electrochemical Society, 1983, 130(6): 1283 –1289.

[139] Yonglang Guo, Jinhua Yue, Changyi Liu. The kinetics of the reduction processes of PbO film in H₂SO₄—VI. Effects of Pb – Sb alloy electrodes. Electrochimica Acta, 1993, 38(8): 1131 –1138.

[140] 卫昶, 陈霞玲, 李宏珉等. 电化学方法分析铅阳极膜的相组成. 化学学报, 1989, 47(6): 569 –573.

[141] G. Cifuentes, L. Cifuentes, G. Crisostomo. A lead – acid battery analogue to in situ anode degradation in copper electrometallurgy. Corrosion Science, 40(2 –3): 225 –234.

［142］E. M. L. Valeriote, L. D. Gallop. The kinetics of the potentiostatic oxidation of Lead sulfate films on Lead in sulfuric acid Solution. Journal of Electrochemical Society, 1977, 124(3): 370 -380.

［143］E. M. L. Valeriote, L. D. Gallop. Low temperature oxidation kinetics of anodic films on Lead in sulfuric acid solution. Journal of Electrochemical Society, 1977, 124(3): 380 - 387.

［144］R. G. Barradas, D. S. Nadezhdin, Webb J. B. , et al. Some photoelectrochemical observations on lead under anodic oxidation in sulphuric acid. Journal of Electroanalytical Chemistry, 1981, 126: 273 - 281.

［145］J. S. Buchanan, L. M. Peter. Photocurrent spectroscopy of the lead electrode in sulphuric acid. Electrochimica Acta, 1988, 33(1): 127 - 136.

［146］何卓立, 浦琮, 柳厚田等. 阳极氧化铅膜的光电流频谱随膜增厚而位移的研究. 化学学报, 1992, 50(2): 118 - 121.

［147］Jun Han, Cong Pu, Wei - Fang Zhou. Determination of the phase composition of anodic lead (II) film formed in sulfuric acid solution. Journal of Electroanalytical Chemistry, 1994, 368 (1 -2): 43 - 46.

［148］Chang Wei, Krishnan Rajeshwar. In situ characterization of Lead corrosion layers by combined voltammetry, coulometry, and electrochemical quartz crystal microgravimetry. Journal of Electrochemical Society, 1993, 140(8): L128 - L130.

［149］蔡文斌, 柳厚田, 周伟舫. 硫酸溶液中铅阳极膜研究的几个问题(一). 电化学, 1995, 1 (3): 259 - 263.

［150］Kathryn R. Bullock. Corrosion of the lead in sulfuric acid at high potentials. Journal of Electrochemical Society, 1986, 133(6): 1085 - 1090.

［151］Wen - bin CAI, Yong - qin WAN, Hou - tian LIU, et al. A study of the reduction process of anodic PbO_2 film on Pb in sulfuric acid solution. Journal of Electroanalytical Chemistry, 1995, 387(1 -2): 95 - 100.

［152］D. Pavlov. The Lead - Acid battery lead dioxide active mass: A gel - crystal system with proton and electron conductivity. Journal of Electrochemical Society, 1992, 139(11): 3075 - 3080.

［153］D. Pavlov, B. Monahov. Mechanism of the elementary electrochemical processes taking place during oxygen evolution on the Lead dioxide electrode. Journal of Electrochemical Society, 1996, 143(11): 3616 - 3629.

［154］T. Laitinen, G. Sundholm, J. K. Vilhunen. Comments on sample treatment in the X - ray diffraction analysis of the oxidation products of lead. Journal of Power Sources, 1990, 32(1): 71 - 80.

［155］Stefanov Y, Dobrev T. Developing and studying the properties of Pb - TiO_2 alloy coated lead composite anodes for zinc electrowinning. Transactions of the Institute of Metal Finishing, 2005, 83(6): 291 - 295.

［156］St Rashkov, Y. Stefanov, Z. Noncheva, et al. Investigation of the processes of obtaining plastic treatment and electrochemical behaviour of lead alloys in their capacity as anodes during the electroextraction of zinc II. Electrochemical formation of phase layers on binary Pb – Ag and Pb – Ca, and ternary Pb – Ag – Ca alloys in a sulphuric – acid electrolyte for zinc electroextraction. Hydrometallurgy, 1996, 40(3): 319 – 334.

[157] Yoshifumi Yamamoto, Koichi Fu mino, Takumi Ueda, et al. A potentiodynamic study of the lead electrode in sulphuric acid solution. Electrochimica Acta, 1992, 37(2): 199 – 203.

[158] 张鉴清. 电化学测试技术. 北京: 化学工业出版社. 1999.

[159] Chang – Song Dai, Bin Zhang, Dian – Long Wang, et al. Study of influence of lead foam as negative electrode current collector material on VRLA battery charge performance. Journal of Alloys and Compounds, 2006, 422: 332 – 337.

[160] P. Ruetschi. Ion Selectivity and Diffusion Potentials in Corrosion Layers: $PbSO_4$ Films on Pb in H_2SO_4. Journal of the Electrochemical Society, 1973, 120(3): 331 – 336.

[161] 柳厚田, 蔡文斌, 周伟舫. 硫酸溶液中阳极 Pb(Ⅱ)膜研究进展. 电源技术, 1996, 20(6): 256 – 260.

[162] 杨言言. 三维多孔膜电极电控离子分离过程离子传荷 – 反应特性 [硕士学位论文]. 太原: 太原理工大学, 2010.

[163] Thomas F. Sharpe. The behavior of lead alloys as PbO_2 electrodes. Journal of Electrochemical Society, 1977, 124(2): 168 – 173.

[164] P. Jones, H. R. Thirsk. An electrochemical and structural investigation of the processes occurring at silver anodes in sulphuric acid. Transactions of the Faraday Society, 1954, 50: 732 – 739.

[165] Prachi Shrivastava, Michael Moats. Wet film application techniques and their effects on the stability of RuO_2 – TiO_2 coated titanium anodes. Journal of Applied Electrochemistry, 2009, 39 (1): 107 – 116.

[166] S. Palmas, A. Polcaro, F. Ferrara, et al. Electrochemical performance of mechanically treated SnO_2 powders for OER in acid solution. Journal of Applied Electrochemistry, 2008, 38(7): 907 – 913.

[167] Débora V. Franco, Leonardo M. Da Silva, Wilson F. Jardim, et al. Influence of the electrolyte composition on the kinetics of the oxygen evolution reaction and ozone production processes. Journal of the Brazilian Chemical Society, 2006, 17(4): 746 – 757.

[168] Su Lusheng, Gan Yong X (2011). Nanoporous Ag and Ag – Sn anodes for energy conversion in photochemical fuel cells. Nano Energy, DOI: 10.1016/j. nanoen.2011.08.002.

[169] Dupuis M. Development and application of an ANSYS based thermo – electro – mechanical collector bar slot design tool. TMS. Light Metals: San Diego, USA. 2011, 519 – 524.

[170] Li Jie, Liu Wei, Lai Yan – qing, et al. Coupled Simulation of 3D Electro – Magneto – Flow Field in Hall – Heroult Cells Using Finite Element Method. Acta Metallurgica Sinica (English Letters), 2006, 19(2): 105 – 116.

[171] 倪光正, 杨仕友, 邱捷. 工程电磁场数值计算(第二版). 北京: 机械工业出版社. 2010.

[172] 关振铎, 张中太. 无机材料物理性能. 北京: 清华大学出版社. 1992.

[173] 韩宝忠, 韩宝国, 王艳洁等. 测试导电复合材料直流电阻的四端电极法. 哈尔滨工业大学学报, 2010, 42(10): 1677 – 1680.

[174] 王强, 黄笑梅, 吕艳凤等. 孔隙率及孔径对开孔泡沫铝导电性的影响. 兵器材料科学与工程, 2006, 29(6): 12 – 14.

[175] C. T. J. Low, E. P. L. Roberts, F. C. Walsh. Numerical simulation of the current, potential and concentration distributions along the cathode of a rotating cylinder Hull cell. Electrochimica Acta, 2007, 52(11): 3831 – 3840.

[176] 周仲柏, 陈永言. 电极过程动力学基础教程. 武汉: 武汉大学出版社. 1989.

[177] 刘广林. 铅酸蓄电池工艺学概论. 北京: 机械工业出版社. 2009.

[178] Petch N J. The cleavage of polycrystals. Journal of the Iron and Steel Institute, 1953, 174: 25 – 28.

[179] 马运柱, 黄伯云, 熊翔等. 镧、钇对 90W – Ni – Fe 合金显微结构及性能的影响. 中国稀土学报, 2005, 23(1): 85 – 90.

[180] 徐光宪. 稀土(下)(第 2 版). 北京: 冶金工业出版社. 1995.

[181] 宁远涛. 贵金属与稀土金属的相互作用: (Ⅱ) Ag – RE 系. 贵金属, 2000, 21(2): 46 – 57.

[182] M. Petrova, Z. Noncheva, Ts Dobrev, et al. Investigation of the processes of obtaining plastic treatment and electrochemical behaviour of lead alloys in their capacity as anodes during the electroextraction of zinc I. Behaviour of Pb – Ag, Pb – Ca and Pb – Ag – Ca alloys. Hydromet-allurgy, 1996, 40(3): 293 – 318.

[183] Mark C. Lefebvre. Establishing the link between multistep electrochemical reaction mechanisms and experimental tafel slopes modern aspects of electrochemistry. B. E. Conway, J. O. M. Bockris, R. E. White. Springer US. 2002, 249 – 300.

[184] Leonardo M. Da Silva, Luiz A. De Faria, Julien F. C. Boodts. Electrochemical ozone produc-tion: Influence of the supporting electrolyte on kinetics and current efficiency. Electrochimica Acta, 2003, 48(6): 699 – 709.

[185] L. M. Da Silva, L. A. De Faria, J. F. C. Boodts. Green processes for environmental applica-tion. Electrochemical ozone production. Pure and applied chemistry, 2001, 73 (12): 1871 – 1884.

[186] E. R. Kötz, S. Stucki. Ozone and oxygen evolution on PbO_2 electrodes in acid solution. Jour-nal of Electroanalytical Chemistry and Interfacial Electrochemistry, 1987, 228 (1 – 2): 407 – 415.

[187] C. Cachet, C. Rerolle, R. Wiart. Kinetics of Pb and Pb – Ag anodes for zinc electrowinning – II. Oxygen evolution at high polarization. Electrochimica Acta, 1996, 41(1): 83 – 90.

[188] Serdar Abaci, Ugur Tamer, Kadir Pekmez, et al. Performance of different crystal structures of PbO_2 on electrochemical degradation of phenol in aqueous solution. Applied Surface Science, 2005, 240(1 – 4): 112 – 119.

[189] 蔡报珍. 超细铜粉的制备及应用. 江西有色金属, 2008, 22(4): 42 – 44.

[190]刘有源, 陈白珍, 孙锡良等. 浸出 – 电沉积法从多金属低品位矿制备铜粉的研究. 湖南有色金属, 2008, 24(2): 28 – 31.

[191]Gökhan Orhan, Gökçe Hapçl. Effect of electrolysis parameters on the morphologies of copper powder obtained in a rotating cylinder electrode cell. Powder Technology, 2010, 201: 57 – 63.

[192]周向阳, 李劼, 刘宏专等. 至少包含一泡沫金属层的层状金属材料及其制备方法. 中国: ZL200610032593.5, 2006.

[193]周向阳, 李劼, 刘宏专等. 一种渗流铸造法制备泡沫金属的渗流装置. 中国: ZL200710034420.1, 2007.

图书在版编目(CIP)数据

湿法冶金用多孔铅合金阳极/蒋良兴,赖延清著.
—长沙:中南大学出版社,2015.11
ISBN 978 - 7 - 5487 - 2025 - 6

Ⅰ.湿...Ⅱ.①蒋...②赖...Ⅲ.铅合金 - 湿法冶金 - 阳极氧化
Ⅳ. TF812

中国版本图书馆 CIP 数据核字(2015)第 280870 号

湿法冶金用多孔铅合金阳极

蒋良兴　赖延清　著

□责任编辑	史海燕	
□责任印制	易红卫	
HT5"H|□出版发行	中南大学出版社	
	社址:长沙市麓山南路	邮编:410083
	发行科电话:0731-88876770	传真:0731-88710482
□印　　装	长沙超峰印务有限公司	

□开　　本	720×1000　1/16	□印张 10.75	□字数 205 千字
□版　　次	2015 年 11 月第 1 版	□印次	2015 年 11 月第 1 次印刷
□书　　号	ISBN 978 - 7 - 5487 - 2025 - 6		
□定　　价	50.00 元		